绘画、设计与图像处理从入门到精通

创锐设计 编著

北京理工大学出版社
BEIJING INSTITUTE OF TECHNOLOGY PRESS

图书在版编目（CIP）数据

AI绘画、设计与图像处理从入门到精通 / 创锐设计编著. — 北京 : 北京理工大学出版社, 2024.5
ISBN 978-7-5763-3983-3

Ⅰ. ① A… Ⅱ. ①创… Ⅲ. ①图像处理软件 Ⅳ. ① TP391.413

中国国家版本馆 CIP 数据核字 (2024) 第 097369 号

责任编辑：钟 博　　文案编辑：钟 博
责任校对：周瑞红　　责任印制：施胜娟

出版发行 / 北京理工大学出版社有限责任公司
社　　址 / 北京市丰台区四合庄路6号
邮　　编 / 100070
电　　话 /（010）68944451（大众售后服务热线）
（010）68912824（大众售后服务热线）
网　　址 / http://www.bitpress.com.cn

版 印 次 / 2024年5月第1版第1次印刷
印　　刷 / 三河市中晟雅豪印务有限公司
开　　本 / 710 mm × 1000 mm 1 / 16
印　　张 / 14
字　　数 / 200千字
定　　价 / 89.80元

Preface · 前言

人工智能（AI）技术正在以前所未有的革命性力量重塑世界，引领我们进入一个充满创新和无限可能的时代。本书聚焦于 AI 绘画这一深刻影响创意和艺术领域的关键技术分支，引导读者探索 AI 图像生成和图像处理的新天地，为读者提供丰富的创意灵感和实用的技术指导。

◎内容结构

全书共 12 章，较为全面地介绍了当前主流的 AI 绘画工具及其实际应用。

第 1、2 章主要介绍国内外领先的 AI 绘画工具，让读者对 AI 绘画工具的特点和使用方法产生感性认识。

第 3 章主要讲解如何通过编写提示词引导 AI 绘画工具理解用户的创作意图，从而生成符合特定需求的作品。

第 4、5 章聚焦于使用门槛较低的 AI 绘画工具——Leonardo.Ai，讲解如何使用该工具进行图像生成和图像精修。

第 6～8 章聚焦于绘画质量最好、实用性最高的 AI 绘画工具之一——Midjourney，讲解该工具的基本操作、参数设置和进阶技巧。

第 9～12 章通过实际案例讲解如何在摄影、平面设计、产品设计、建筑设计等不同的领域应用 AI 绘画工具拓展创意边界，提升设计效率。

◎编写特色

- **从零开始**：本书使用浅显易懂的语言，从零开始手把手教读者玩转 AI 绘画，实现从新手入门到高手进阶的全面成长。

- **案例丰富**：本书用大量精心设计的案例详细介绍了 AI 绘画技术的实际应用，

涵盖人像摄影、风光摄影、美食摄影、徽标设计、海报设计、包装设计、插画设计、家具设计、鞋类设计、箱包设计、室内设计、园林景观设计等诸多应用场景。

● **学以致用：**本书的每个案例都提供完整的提示词，读者可以直接套用或根据实际需求适当修改，快速生成高质量的图像。

◎读者对象

本书适合平面设计、数码绘画、视频制作、新媒体运营等专业领域的内容创作者阅读，也可供 AI 绘画技术爱好者参考。

由于 AI 技术的发展速度很快，加之编者水平有限，本书难免有不足之处，恳请广大读者批评指正。

编　者

2024 年 4 月

Contents · 目录

第1章 国产 AI 绘画工具简介

第2章 国外 AI 绘画工具简介

第3章 解锁灵感的提示词

第4章 Leonardo.Ai 图像生成

第5章 Leonardo.Ai 图像精修

第6章 Midjourney 基础入门

第7章 Midjourney 的参数设置

第8章 Midjourney 进阶技巧

第9章 让 AI 变身摄影大师

第10章 让 AI 变身平面设计师

第11章 让 AI 变身产品设计师

第12章 让 AI 变身建筑设计师

第 1 章 国产 AI 绘画工具简介

随着相关技术的飞跃式发展，人工智能（AI）开始在生成式绘画领域大放异彩，从创意、风格到技法都展示出较高的水准。本章将从一些优秀的国产 AI 绘画工具入手，带领读者感受 AI 绘画的魅力。这些工具提供中文界面，能理解中文指令，上手门槛较低，对初次接触 AI 绘画的新手而言非常友好。

01 通义万相：不断进化的 AI 艺术创作模型

通义万相是由阿里云推出的 AI 艺术创作模型，它通过对配色、布局、风格等图像设计元素进行拆解和组合，实现高可控性和高自由度的图像生成。

❶用网页浏览器打开通义万相的首页（https://tongyi.aliyun.com/wanxiang/），❷单击页面中的“创意作画”按钮，如图 1-1 所示。初次使用时，用户需要输入手机号，用获取的验证码登录。

图 1-1

进入创意作画页面后，首先需要选择作画方式。通义万相提供文本生成图像、相似图像生成、图像风格迁移 3 种作画方式，这里选择“文本生成图像”方式，如图 1-2 所示。该方式通过文字描述画面并选择创作风格来生成图像。

图 1-2

提示

“相似图像生成”可以根据用户提供的参考图像生成内容和风格相似的新图像，“图像风格迁移”可以将一张图像的风格迁移到另一张图像上。感兴趣的读者可以自行体验这两种作画方式。

❶在文本框中输入提示词，如“玻璃花瓶里的一束黄色郁金香，印象派风格”，❷选择一种绘画风格，如“油画”，❸然后选择长宽比，如“9∶16”，❹设置完毕后单击“生成创意画作”按钮，如图 1-3 所示。

提示

提示词用于描述想要生成的图像的画面，它的编写有一定的讲究，第 3 章将详细讲解这方面的知识。

选择绘画风格后，相应的文本会被自动添加到提示词的末尾。单击“查看更多咒语”链接，可显示更多绘画风格。

每个账号每天能获得 50 个灵感值（每日 0 点重置），每成功生成一次图像会扣除 1 个灵感值。

图 1-3

稍等片刻，通义万相会根据输入的提示词和设置的参数生成 4 张图像，如图 1-4 所示。将鼠标指针放在某一张图像上，图像底部会浮现按钮，单击该按钮可将图像下载并保存至本地硬盘。

图 1-4

02 文心一格：AI 艺术和创意辅助平台

文心一格是由百度推出的 AI 艺术和创意辅助平台，可以生成中国风、油画、水彩、动漫、写实等十余种不同风格的高清画作。

❶用网页浏览器打开文心一格的首页（https://yige.baidu.com），❷单击页面顶部的“AI 创作”链接，如图 1-5 所示。

图 1-5

进入 AI 创作页面，❶在文本框中输入提示词，如“山坡上野花盛开，蝴蝶飞舞，清风温柔，细节丰富，光线，光影效果，追光，焦点聚光，渐变，中远景，高清”，❷单击“画面类型”选项组中的“更多”按钮，展开显示更多画面类型，如图 1-6 所示，❸单击选择一种画面风格，如“艺术创想”，❹单击下方的“收起”按钮，如图 1-7 所示。

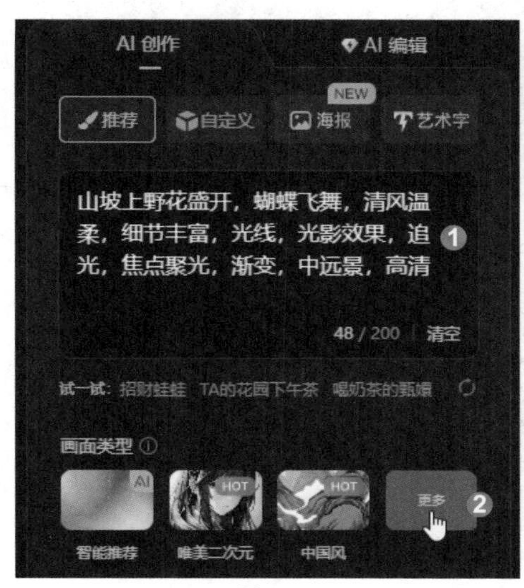

图 1-6

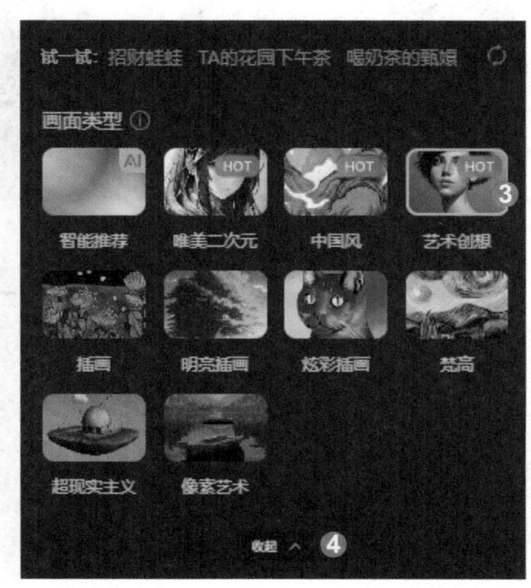

图 1-7

继续设置其余参数。❶单击“比例”选项组中的“横图”按钮，更改生成图像的宽高比，❷再拖动“数量”滑块，设置生成图像的数量，这里设置为1，❸设置完毕后单击“立即生成”按钮，如图 1-8 所示。

图 1-8

稍等片刻，文心一言将根据输入的提示词和设置的参数生成一幅图像，如图 1-9 所示。如果对生成的图像不满意，可再次单击“立即生成”按钮，使用相同的提示词和参数重新生成图像，也可以修改提示词或参数后再生成图像。

图 1-9

03 WHEE：创作灵感激发器

WHEE 是美图推出的 AI 视觉创作平台，提供文生图、图生图、风格模型训练、创作词库等图像生成功能，以及局部修改、画面扩展等图像编辑功能。本节将演示文生图和图生图功能，其余功能读者可以自行体验。

❶用网页浏览器打开 WHEE 的首页（https://www.whee.com/），首先来试试文生图功能，❷单击“文生图”按钮，如图 1-10 所示。

图 1-10

按照页面中的提示登录账号后，进入文生图页面。❶在左侧边栏的文本框中输入提示词，如“海底世界，星空，深海，奇幻，生机勃勃的自然场景，丰富的生物，动漫艺术，金色光芒，高角度，高清，细节”，❷在“参数设定”选项组中将宽高比设为“2∶3”，❸尺寸设为“768×1152”，❹“生成张数”设为“2”，❺单击“立即生成”按钮，如图 1-11 所示。

图 1-11

提 示

使用 WHEE 的功能需要消耗美豆。新用户登录后会获赠 20 美豆。

稍等片刻，WHEE 将根据输入的提示词和设置的参数，生成相应尺寸和数量的图像，如图 1-12 所示。

图 1-12

“文生图”功能默认在快捷创作模式下工作，在此模式下使用的是 MiracleVision 4.0 模型。如果想要添加风格模型，❶单击左侧边栏顶部的“高级创作”按钮，切换到高级创作模式，❷然后在“风格模型”选项组中单击“添加风格模型”按钮，如图 1-13 所示。❸在弹出的“风格模型”对话框中单击选择符合自己创作需求的模型，如“设计大师”分类下的“线条图形”模型，如图 1-14 所示。

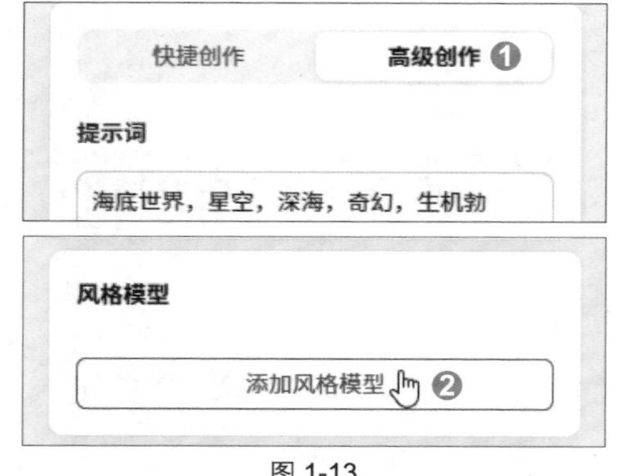

图 1-13

图 1-14

再次单击“立即生成”按钮，稍等片刻，WHEE 将根据所选的风格模型生成新的图像，如图 1-15 所示。

图 1-15

接下来尝试 WHEE 的图生图功能。返回 WHEE 首页，单击“图生图”按钮，如图 1-16 所示。

图 1-16

进入图生图页面，❶在左侧边栏中单击“上传原图”区域，如图 1-17 所示。❷在弹出的“打开”对话框中选择一张作为参考图的图像，❸单击“打开”按钮，如图 1-18 所示。

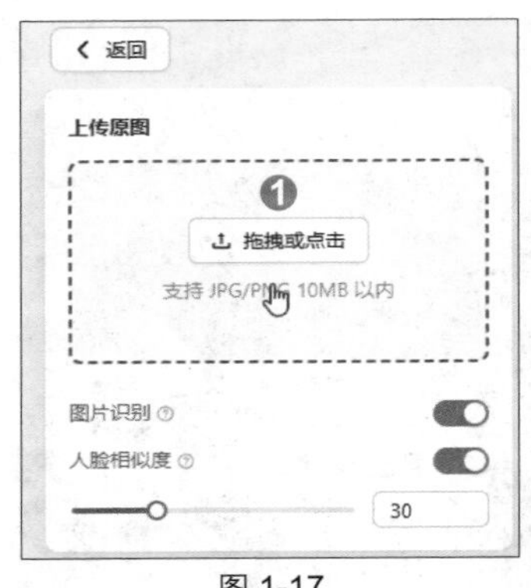

图 1-17

图 1-18

上传成功后，可以看到参考图的缩略图。通过拖动下方的“人脸相似度”滑块，调整生成图像中的人脸与参考图中人脸的相似程度，如图 1-19 所示。设置的值越高，生成图像中的人脸就越接近参考图中的人脸。

在“提示词”文本框中输入提示词，如果不知道该如何描述想要呈现的内容，❶可单击“智能联想”按钮，让 AI 工具提供提示词，如果对 AI 工具提供的提示词感到满意，❷可单击“使用该描述”按钮，如图 1-20 所示。

图 1-19

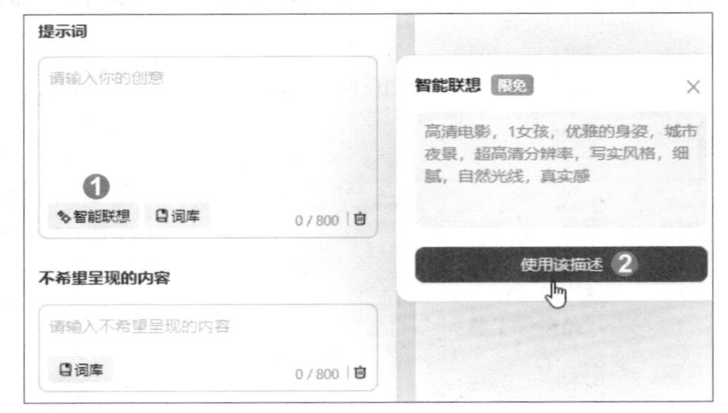

图 1-20

接着在“不希望呈现的内容”文本框中输入负向词。在 WHEE 的创意词库中已经预设了一些负向词，❶只需单击“词库”按钮，❷然后依次单击不希望出现的内容所对应的负向词，❸即可将其添加到“不希望呈现的内容”文本框中，如图 1-21 所示。

在“参数设定”选项组中设置参数，其中最重要的是“重绘幅度”和“创意相关性”：“重绘幅度”用于控制结果图像与参考图的相似度，设置的值越小，结果图像越接近参考图，但过小的值会降低创意性与质量；“创意相关性”用于控制结果图像遵循提示词的程度，设置的值越大，结果图像越贴合提示词的描述，但过大的值会降低创意性与质量。

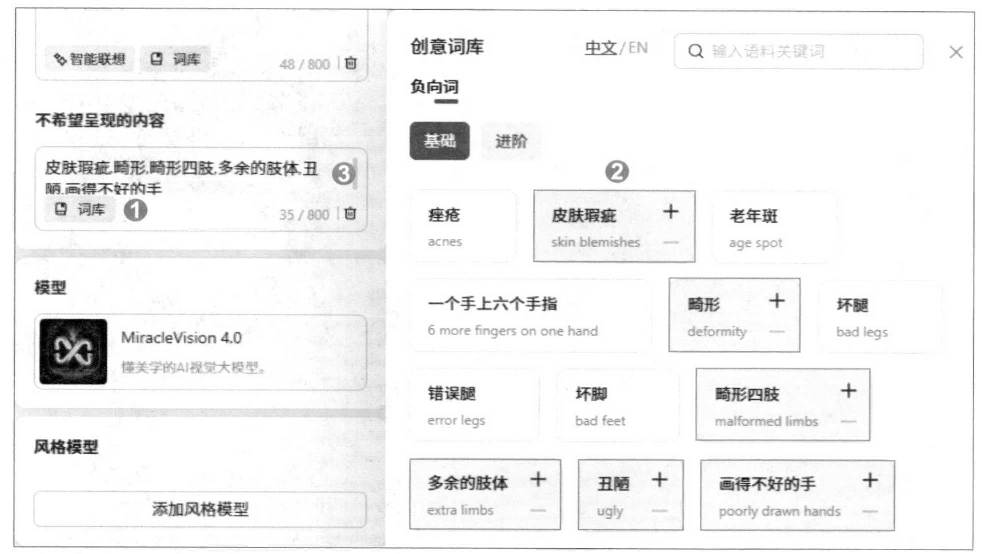

图 1-21

将“重绘幅度”设为较小的值，如25%，将“创意相关性”设为较大的值，如 15.0，如图 1-22 所示。生成的图像与参考图非常相似，如图 1-23 所示。

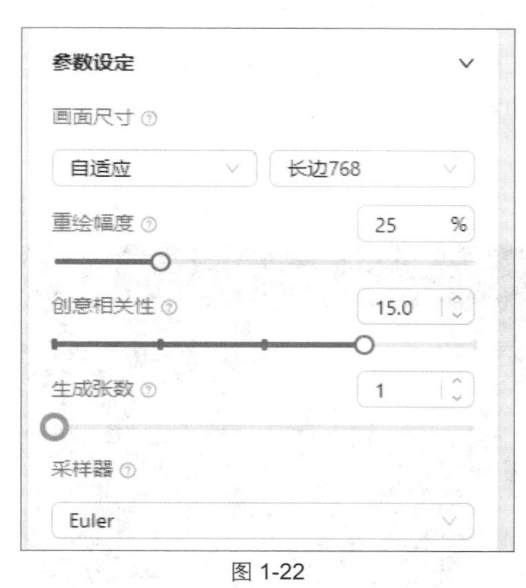

图 1-22

图 1-23

将“重绘幅度”设为较大的值，如 80%，将“创意相关性”设为较小的值，如 6.0，如图 1-24 所示。生成的图像在相似性和创意性之间取得了较好的平衡，如图 1-25 所示。

图 1-24

图 1-25

04 Vega AI：将想象变具象

Vega AI 是右脑科技推出的在线 AI 创作平台，目前免费提供服务，并且没有使用次数的限制。用网页浏览器打开 Vega AI 的首页（https://vegaai.net/），在左侧边栏中列出了 Vega AI 提供的多种创作功能，如图 1-26 所示。初次使用需要按照页面中的提示登录账号。

图 1-26

单击左侧边栏中的“文生图”链接，进入该功能的页面。在页面底部的文本框中输入提示词，如“一个小娃娃坐在地上，正在用杯子喝水，旁边是毛绒动物和玩具”，如图 1-27 所示。

图 1-27

输入提示词后，在右侧边栏中设置参数。❶在“基础模型”下拉列表框中选择生成图像所使用的模型，如“二次元 vg1”，❷在“图片尺寸”选项中选择宽高比，如“4∶3”，❸在“张数”选项中设置生成图像的数量，如 2，如图 1-28 所示。

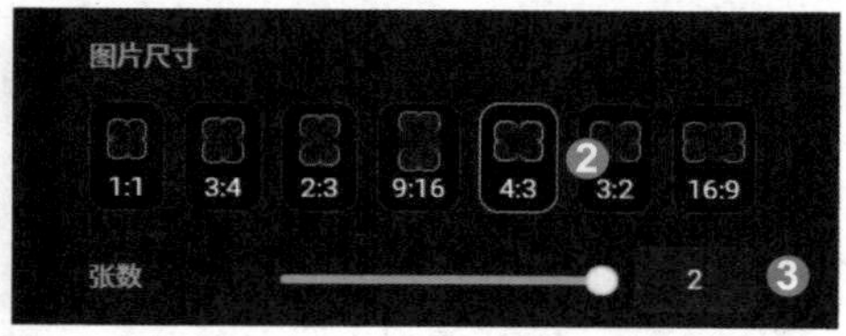

图 1-28

设置完毕后，单击提示词文本框右侧的“生成”按钮。稍等片刻，即可看到根据提示词和参数生成的图像，如图 1-29 所示。单击下方的缩览图，可预览图像效果，如图 1-30 所示。

图 1-29

图 1-30

如果不确定使用什么绘画风格，可借鉴“风格广场”中其他用户分享的风格。

单击左侧边栏中的“风格广场”链接，进入该功能的页面。可利用页面顶部的搜索框搜索风格，也可利用“游戏”“人物”“插画”等标签分类浏览风格。假设需要生成的是室内设计效果图，❶单击“设计”标签，❷在展开的选项卡中单击选择一种满足需求的风格，如图 1-31 所示。

图 1-31

弹出风格详情页面，单击页面右侧的“应用”按钮，如图 1-32 所示。

图 1-32

自动跳转至“文生图”功能页面，在提示词文本框上方会显示预设的提示词供用户参考。❶输入根据自身需求编写的提示词，如“醇厚的奶油白墙面配以柔软奶油色沙发，搭配淡粉和淡蓝色调的靠垫，中央是淡木色茶几，上面摆放着一束淡雅花卉装饰，窗帘采用轻纱材质，房间角落放有一盆绿植”，❷单击“生成”按钮，如图 1-33 所示。

一个客厅，里面有沙发、椅子、桌子和一盏灯，还有一扇带窗帘的窗户

醇厚的奶油白墙面配以柔软奶油色沙发，搭配淡粉和淡蓝色调的靠垫，中央是淡木色茶几，1 生成 2

图 1-33

稍等片刻，Vega AI 就会根据所选风格和提示词生成图像，如图 1-34 所示。

图 1-34

提示

生成图像之后，如果觉得满意，可以单击图像右侧的“发送到图生图再编辑”按钮，以该图像作为参考图，生成更多风格相似的图像。

第 2 章　国外 AI 绘画工具简介

相对于国产 AI 绘画工具，国外的 AI 绘画工具通常对用户的系统环境和英语水平有一定的要求，但是其核心技术较为先进，绘画效果也很优秀，值得进行了解和尝试。本章先简单介绍 4 款国外 AI 绘画工具，后面则会详细介绍两个典型代表——Leonardo.Ai（第 4、5 章）和 Midjourney（第 6 ～ 8 章）。

01 DALL · E 3：理解能力更强的文生图模型

DALL · E 3 是一款由 OpenAI 开发的文生图模型。OpenAI 最著名的产品是具备强大的文本理解和生成能力的大语言模型——ChatGPT。DALL · E 3 原生构建在 ChatGPT 之上，这让绘图过程变得更加轻松和顺畅。

DALL · E 3 目前向所有 ChatGPT Plus 和企业用户开放。在 ChatGPT Plus 中使用 DALL · E 3 设计小说封面的示例对话如下：

请帮我为一部科幻小说设计一幅令人回味的封面，小说的名字是“Enigmatic Beings of Unknown Sectors”，封面中有一只想象中的生物，它是龙和孔雀的混合体，正在一片神秘的森林中炫耀着华丽的尾巴。

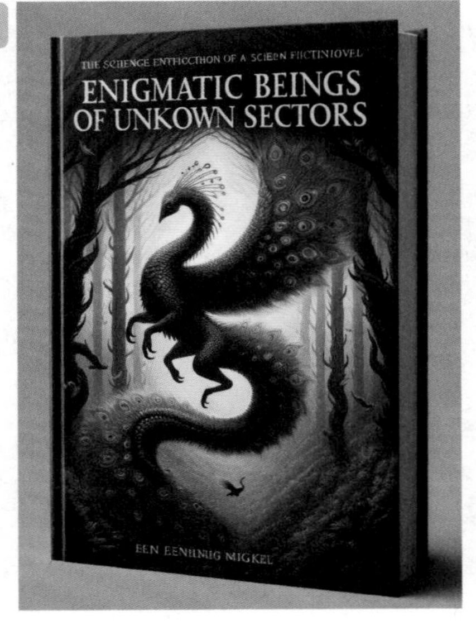

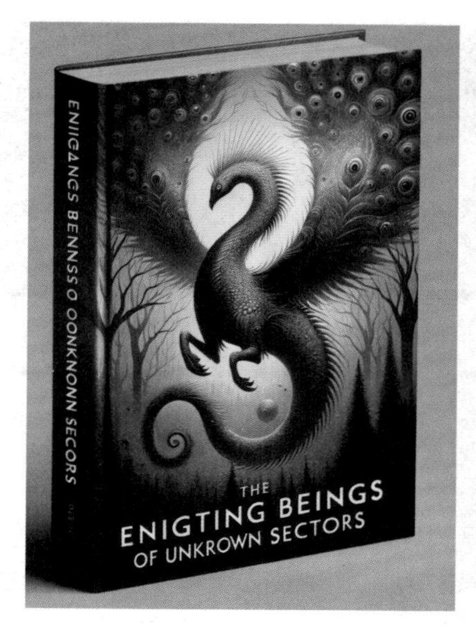

在上述示例中可以看到，用户可以用自己熟悉的语言和表达方式编写提示词，ChatGPT 会自动进行理解和优化，并调用 DALL·E 3 生成图像。DALL·E 3 的提示词遵循能力也很强，大到整体的环境氛围，小到物体的数量、外观、姿势等，都在图像中得到了精确的呈现。最大的亮点是 DALL·E 3 可以在图像中较为准确地写入文字（小说的名字），这一点是当前市面上的大多数 AI 绘画工具都无法做到的。

如果想改变图像的内容，可以继续与 ChatGPT 对话，如“请在封面中添加一位拿着魔杖的巫师”。ChatGPT 将结合上下文理解用户的创作意图并生成新的图像，从而大大提高绘图效率。

02 必应图像创建器：免费体验 DALL·E 3

ChatGPT Plus 需要付费订阅才能使用，如果想免费体验 DALL·E 3 的绘画能力，可以使用微软公司基于 DALL·E 3 打造的必应图像创建器（Bing Image Creator）。该工具既可以在独立的网页上直接使用，也可以在必应的聊天功能中进行对话式调用。

首先试试在独立网页上使用的效果。在网页浏览器中打开必应图像创建器的页面，然后登录微软账号。登录成功后，在页面上方的文本框中输入提示词，如“微缩场景，花园的一角，一张精致的木长椅，长椅前面有一张圆茶几，茶几上有一本书和一杯茶”，然后单击右侧的“创建”按钮，如图 2-1 所示。

图 2-1

提 示

如果没有创作灵感，可单击“让我惊喜吧”按钮，文本框中会随机显示参考提示词。

稍等片刻，必应图像创建器会根据提示词生成 4 张图像，如图 2-2 所示。页面右侧的“最近”面板会列出最近生成的图像。单击某一张图像的缩览图，然后在弹出的对话框中单击“下载”按钮，如图 2-3 所示，即可将该图像下载并保存至本地硬盘。

图 2-2

图 2-3

接着来试试在必应的聊天功能中进行对话式绘画。在这种方式下，需要在提示词中使用“创作”或“绘制”这样的动词，否则必应只会返回一些文字信息或者在网上搜索相应图像，而不会生成图像。

在网页浏览器中打开必应首页，单击顶部导航条中的“聊天”链接，如图 2-4 所示。

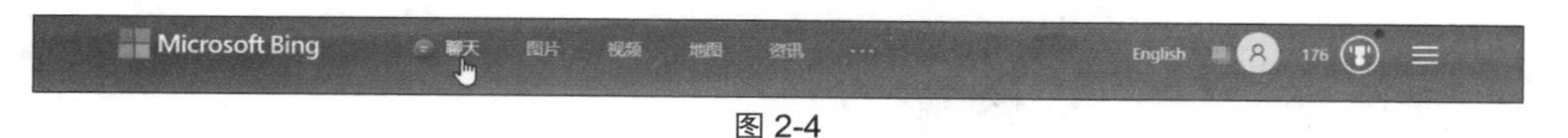

图 2-4

进入如图 2-5 所示的聊天页面。在底部的文本框中输入提示词，如“请帮我绘制图像：一个女孩，穿着橙色的裙子，面容精致，身后有狐狸幻影，半身人像，浮世绘风格”，然后单击右侧的“提交”按钮➤。

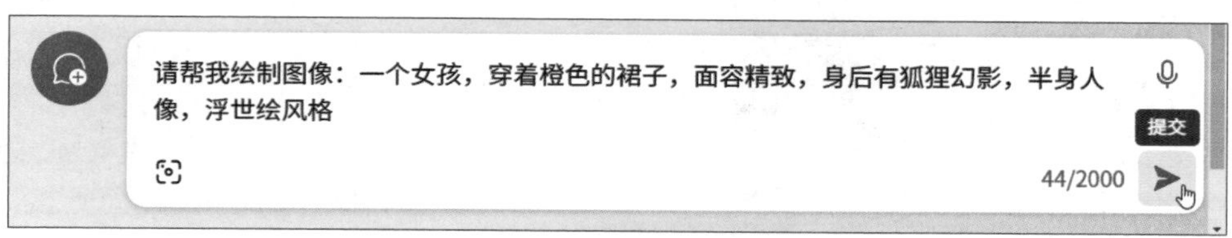

图 2-5

随后必应会回复一条文本消息，稍等片刻，在文本消息下方会显示绘制好的图像，在图像下方则会显示绘画时实际使用的提示词，如图 2-6 所示。

图 2-6

如果要修改绘画的创意，可以继续进行对话。例如，发送指令“请把狐狸换成白色的兔子”，必应就会按照指令修改绘画时使用的提示词并生成新的图像，如图2-7 所示。

图 2-7

> **提 示**
>
> 除了必应的聊天功能，还可以通过微软推出的 AI 助手 Copilot 体验对话式绘画。

03 NightCafe：让 AI 艺术创作走进大众

NightCafe 是一款致力于让更多人体验 AI 艺术创作的绘画工具，提供简单易用的界面，以及预训练模型和自训练模型等多种创作方式。

在网页浏览器中打开 NightCafe 的首页。初次使用时需要注册一个账号并登录，登录成功后，单击首页顶部导航条中的“CREATE”按钮，如图 2-8 所示。

图 2-8

进入图像创作页面，❶在左侧边栏中单击“MODEL”下方的按钮，❷在右侧界面中单击选择一种预训练模型，如专注于奇幻艺术和亚洲文化的“Mysterious XL v4”，❸在“TEXT PROMPT”下方的文本框中输入提示词，如“A series of floating islands, varying in altitude, with bridges and pathways connecting each other, forming a skyward labyrinth, all surrounded by swirling clouds”，如图 2-9 所示。

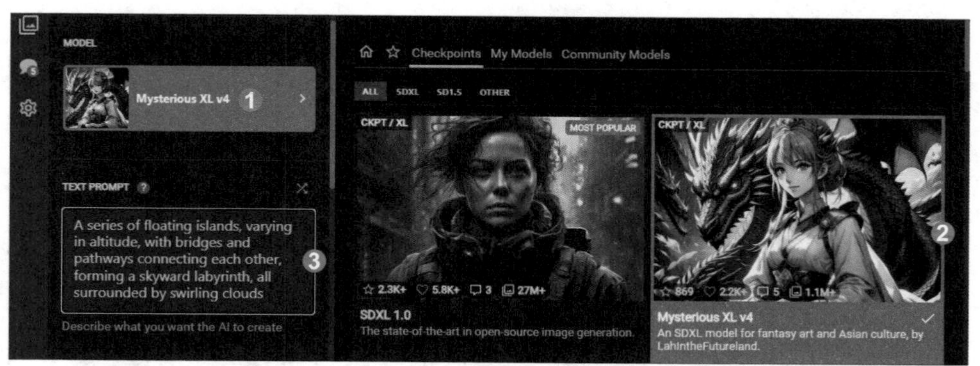

图 2-9

❶在左侧边栏中单击“STYLE”下方的按钮，❷在右侧界面中选择一种绘画风格，如“Anime v2”，如图 2-10 所示。

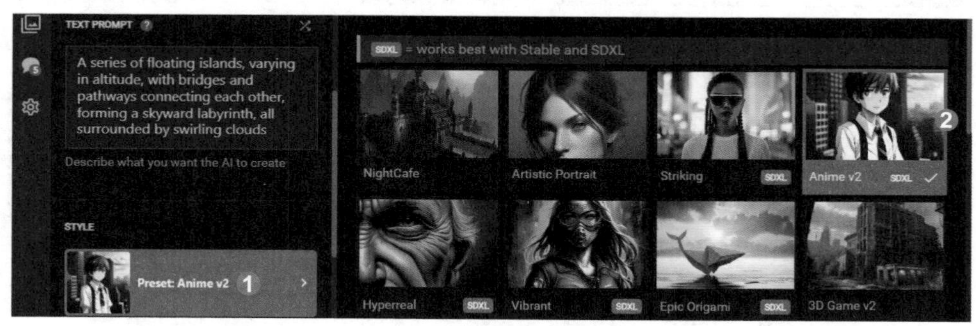

图 2-10

❶在左侧边栏中单击“More Settings”按钮，在右侧界面中设置选项，❷在“Number of Images”选项中设置生成图像的数量为“1”，❸在“Aspect Ratio”选项中设置图像的宽高比为“16∶9”，❹设置完毕后单击左侧边栏中的“CREATE”按钮，如图 2-11 所示。

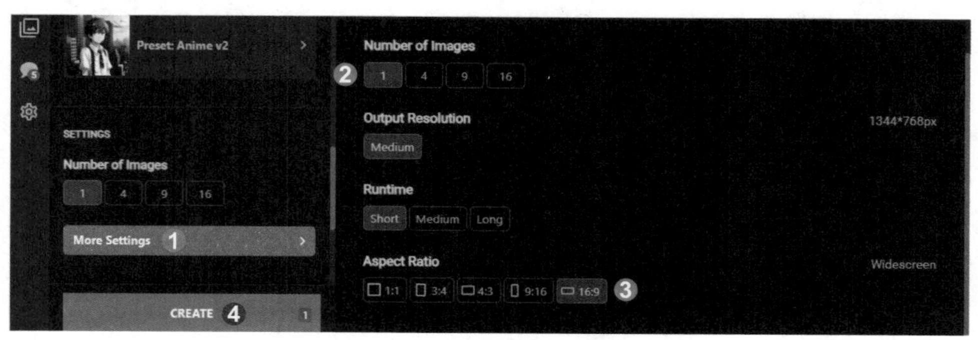

图 2-11

稍等片刻，即可看到 NightCafe 根据输入的提示词及所选择的模型和风格生成的图像，如图 2-12 所示。

图 2-12

提示

单击左侧边栏顶部的“Advanced mode”开关按钮可启用高级模式。此模式提供负向提示词、以图生图等高级功能。

04 DreamStudio：基于 Stable Diffusion 的绘画平台

目前市面上的许多 AI 绘画工具实际上是基于 Stability AI 公司开发的开源模型 Stable Diffusion 打造的。为了让更多人体验这个先进而强大的模型，Stability AI 公司又推出了 AI 绘画平台 DreamStudio。本节将简单介绍 DreamStudio 的图像生成功能。

在网页浏览器中打开 DreamStudio 的首页，单击页面顶部的“Get started”按钮，如图 2-13 所示。

图 2-13

进入 DreamStudio 的创作页面，在弹出的对话框中同意服务条款，就可以开始创作了。❶在左侧边栏中单击“Choose style”按钮，❷在右侧弹出的面板中单击选择一种绘画风格，如“Anime”，如图 2-14 所示。

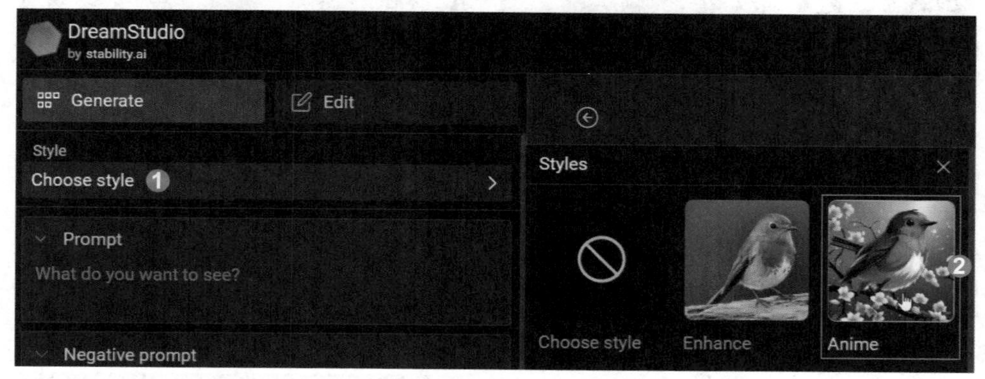

图 2-14

❶在“Prompt”下方的文本框中输入提示词，如“A cyberpunk panda, splatter, science fiction, dark fantasy, vibrant colors, digital illustration, Alessandro Pautasso style, neon light, fine details”，❷展开“Negative prompt”选项，❸在下方的文本框中输入负向提示词，如“ugly, bad proportions, out of frame, blurry, badly drawn arms, badly drawn face, deformed limbs, extra arms, extra fingers, extra limbs, fused fingers, long neck, missing arms, missing fingers, missing legs, too many fingers, mutated, mutated arms, signature, text”，以排除丑陋、变异、模糊等内容，如图 2-15 所示。在“Settings”选项组中设置绘图参数，❹将图像的宽高比设置为 2∶3，❺将生成图像的数量设置为 3，❻设置完毕后单击“Dream”按钮，如图 2-16 所示。

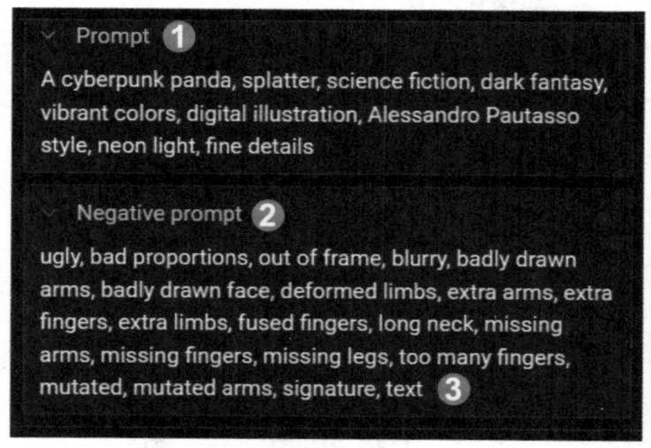

图 2-15

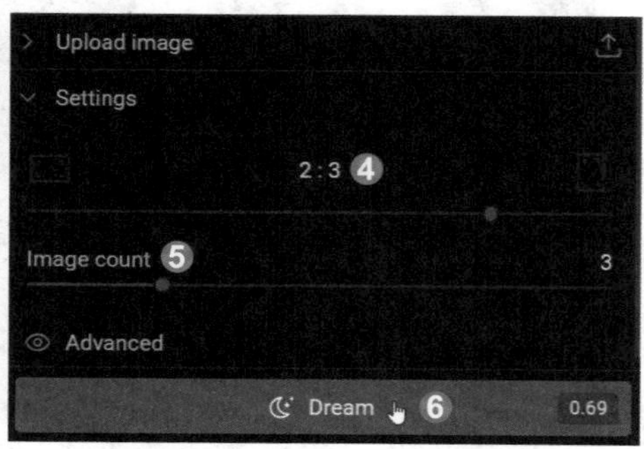

图 2-16

稍等片刻，即可看到 DreamStudio 根据输入的提示词和设置的参数生成的图像，如图 2-17 所示。

图 2-17

除了“以文生图”，DreamStudio还支持“以图生图”。❶在左侧边栏中展开“Upload image”选项，❷单击下方的上传图像按钮，如图 2-18 所示。❸在弹出的“打开”对话框中选择一张参考图，❹单击“打开”按钮，如图 2-19 所示。

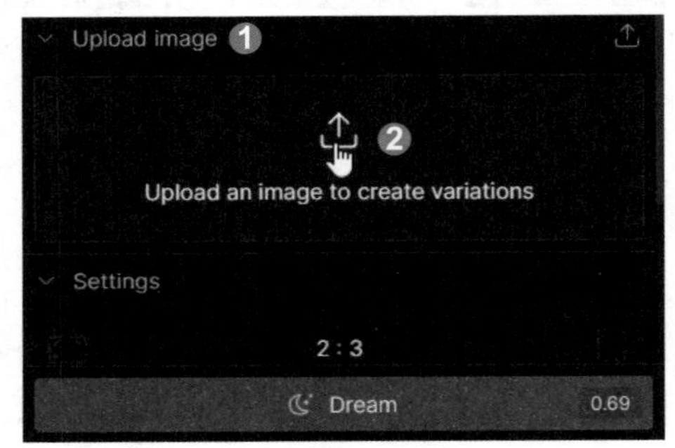

图 2-18

图 2-19

❶在“Prompt”下方的文本框中输入提示词，如“A woman in Hanfu”，❷拖

动“Image strength”滑块，设置参考图的权重，如 35%，❸单击“Dream”按钮，如图 2-20 所示。

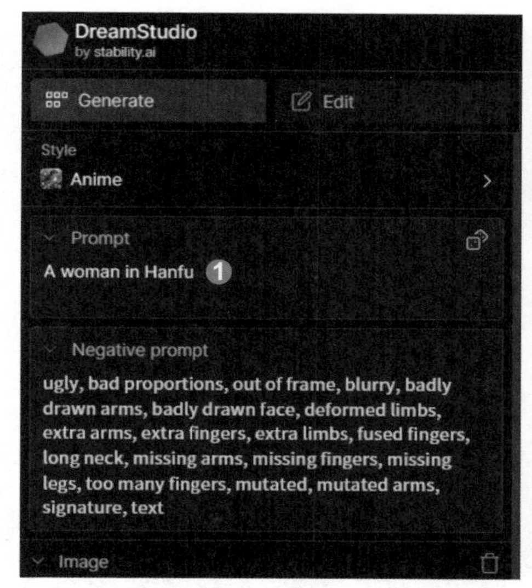

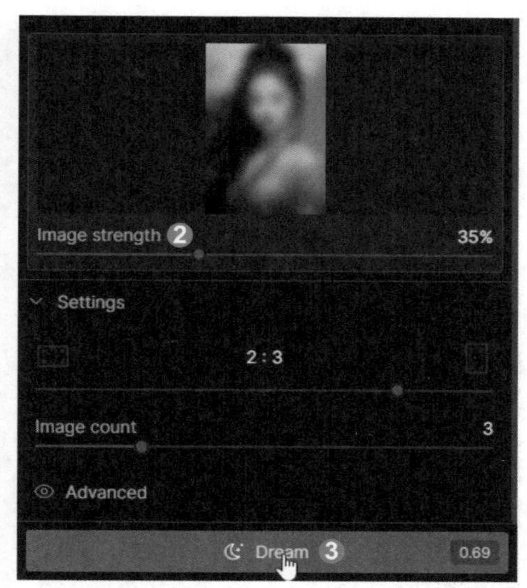

图 2-20

稍等片刻，DreamStudio 就会根据上传的参考图和输入的提示词生成风格类似的图像，如图 2-21 所示。

图 2-21

“Image strength”滑块所控制的参考图权重的取值范围为 0% ～ 100%，数值越高，参考图的影响越大，生成的图像与参考图就越相似。图 2-22 所示为上传的参考图，图 2-23 和图 2-24 所示分别为将权重值设置成 10% 和 90% 时生成的图像。

通过对比可以看出，参考图权重较低时，AI 模型会在图像中加入更多自己的创意，而参考图权重较高时，生成的图像与参考图几乎完全相同。

图 2-22

图 2-23

图 2-24

第 3 章　解锁灵感的提示词

提示词（prompt）在 AI 绘画中扮演着核心角色。它们如同用户与 AI 绘画工具沟通的桥梁，引导 AI 绘画工具理解用户的创作意图，从而生成符合特定需求的视觉艺术作品。前两章介绍了国内外的一些 AI 绘画工具，使用这些工具进行创作时，用户都需要提供提示词，但是很多新手还不知道怎么编写提示词。本章就将深入探讨如何通过编写精准的提示词充分激发 AI 绘画工具的灵感和潜能，带来更多令人惊喜的创意。

需要说明的是，不同的 AI 绘画工具的提示词编写格式和技巧既有相通的部分，也有各自专属的规范，本章介绍的是适用于大多数工具的提示词知识。

01 提示词的基本结构

提示词的质量在很大程度上决定了最终生成图像的质量。一般来说，提示词由主体、风格、附加细节 3 个基本部分组成。其中，主体是必不可少的，而风格和附加细节则可根据具体情况添加或省略。不同的组成部分之间要用英文逗号分隔。

◆ **主体**

主体是指画面的核心内容。提示词中对主体所做描述的清晰和详细程度将直接影响生成的图像的效果。对主体的描述可以是一个简单的词语或短句。在图 3-1 所示的案例中，提示词仅表示要绘制一个女孩，由于描述过于简单，AI 绘画工具在生成图像时进行了自由发挥，女孩的头发和衣着等方面都存在较大的差异。

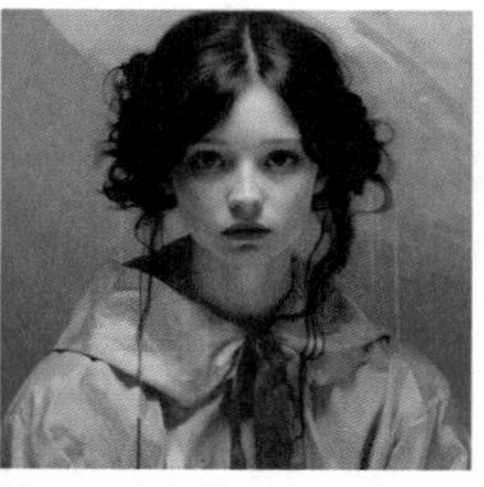

A girl

图 3-1

对主体的描述也可以是详细和具体的。在图 3-2 所示的案例中，提示词表示绘制一个女孩，她有着棕色的头发，穿着一条带蕾丝花边的浅蓝色连衣裙。由于提示词中具体地描述了女孩的头发和衣着，生成的图像在这些方面的特征都比较接近。

> A girl, brown hair, wearing a light blue dress adorned with lace trim

图 3-2

◆ 风格

在 AI 绘画中，风格能在很大程度上决定作品的艺术走向，它又细分为绘画风格和艺术风格。

绘画风格是艺术家在创作过程中形成的一种独特的画面表达方式，包括对色彩、线条、构图等元素的运用。表 3-1 列出了一些常见的绘画风格关键词。

表 3-1

关键词	说明	关键词	说明	关键词	说明
sketch drawing	素描	oil painting	油画	watercolor painting	水彩画
graffiti	涂鸦	pastel painting	粉彩画	ink wash painting	水墨画

续表

关键词	说明	关键词	说明	关键词	说明
pencil drawing	铅笔画	gouache painting	水粉画	illustration	插画
acrylic painting	丙烯画	fresco painting	壁画	impasto painting	厚涂

图 3-3 所示的案例在提示词中添加了绘画风格关键词 Chinese ink wash painting（中国水墨画），生成的图像呈现出典型的中国水墨画风格。

A girl, wearing a light blue dress, in the style of Chinese ink wash painting

图 3-3

艺术风格则是艺术家在创作过程中形成的一种独特的艺术表现形式，它不仅涵盖了绘画风格所包含的内容，还扩展到了艺术家的创作理念、表现手法等方面。表 3-2 列出了一些常见的艺术风格关键词。

表 3-2

关键词	说明	关键词	说明	关键词	说明
Renaissance art	文艺复兴艺术	Impression-ism	印象派	Minimalism	极简主义
Baroque	巴洛克风格	Post-Impres-sionism	后印象派	pop art	波普艺术
Rococo	洛可可风格	Fauvism	野兽派	ukiyo-e art	浮世绘
Neoclassi-cism	新古典主义	Surrealism	超现实主义	8-bit / 16-bit pixel art	8 位 / 16 位像素

图 3-4 所示的案例在提示词中添加了艺术风格关键词 pop art（波普艺术），生成的图像就具有该艺术风格的特点。

A girl, beautiful eyes and face, brown hair, wearing a light blue dress adorned with lace trim, in the style of pop art

图 3-4

描述艺术风格时，还可以使用知名艺术家的名字作为关键词。表 3-3 列出了一些知名艺术家的关键词。

表 3-3

关键词	说明	关键词	说明	关键词	说明
Michelangelo	米开朗琪罗	Vincent van Gogh	凡・高	Andy Warhol	安迪・沃霍尔
Leonardo da Vinci	达・芬奇	Picasso	毕加索	Qi Baishi	齐白石
Rembrandt	伦勃朗	Alphonse Mucha	阿方斯・穆哈	Wu Guan-zhong	吴冠中
Monet	莫奈	Frida Kahlo	弗里达・卡洛	Hayao Mi-yazaki	宫崎骏

图 3-5 所示的案例在提示词中使用 Vincent van Gogh（凡・高）的名字来描述艺术风格，生成的图像在笔触和色彩的运用上较好地体现了这位画家的艺术特色。

A girl, wearing a light blue dress, by Vincent van Gogh

图 3-5

如果需要，还可以将多个艺术家的风格融合在一起，以创造出独特的艺术风格。假设喜欢艺术家 A 的线条表现、艺术家 B 的色彩表现和艺术家 C 的光影处理，就可以使用“by A and B and C”的方式来表达。图 3-6 所示的案例在提示词中使用了新艺术主义（Art Nouveau）的代表画家 Gustav Klimt（古斯塔夫·克利姆特）和 Alphonse Mucha（阿方斯·穆哈）的名字来描述艺术风格，生成的图像融合了两位画家的风格特点。

A girl, wearing a light blue dress, by Gustav Klimt and Alphonse Mucha

图 3-6

◆ **附加细节**

附加细节用于向 AI 绘画工具提供关于图像的具体特征的补充信息，如材质、视角、景别、光线、镜头、画质等，引导工具生成更符合用户期望的图像。图 3-7 所示的案例中，提示词中除了有描述主体和风格的关键词，还有描述景别（medium long shot）、视角（left side view）、光线（raking light）、画质（high quality detail）等附加细节的关键词。

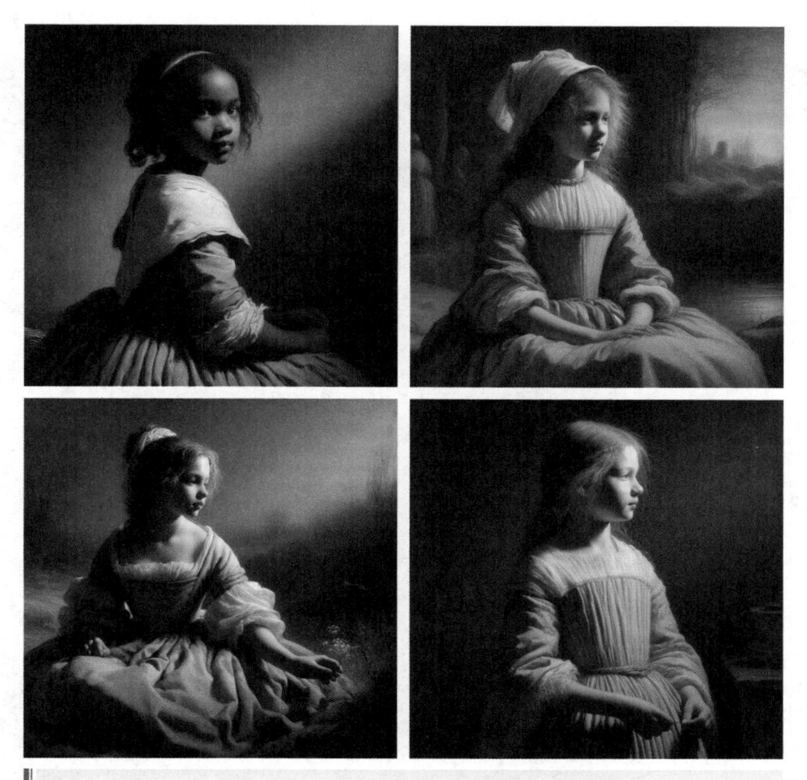

A girl, wearing a light blue dress, by Rembrandt, medium long shot, left side view, raking light, high quality detail

图 3-7

接下来的几节将分别详细介绍描述材质、视角、景别、光线的关键词。

提示

有时尽管在提示词中添加了描述视角、景别、光线的关键词，但 AI 绘画工具并不能总是准确地生成符合预期的图像。在这种情况下，可以尝试多次生成，以获得更理想的结果。

02 描述材质的关键词

材质是指物体的表面质地。在提示词中为主体、背景或其他物体添加描述材质的关键词，可以为这些对象赋予纹理质感，从而极大地增强画面的真实感。表 3-4 列出了一些常用的描述材质的关键词。

表 3-4

关键词	说明	关键词	说明	关键词	说明	关键词	说明
fabric	织物	cuprite	赤铜	ivory	象牙	ceramic	陶瓷
cotton	棉	bronze	青铜	stone	石材	glass	玻璃
linen	麻	gold	黄金	concrete	混凝土	plastic	塑料
silk	丝绸	silver	银	clay	黏土	acrylic	亚克力
satin	缎面	aluminum	铝	sand	沙子	rubber	橡胶
velvet	天鹅绒	pearl	珍珠	gravel	沙砾	foil	箔
wool	毛料	agate	玛瑙	brick	砖块	wood	木材
leather	皮革	jade	玉石	marble	大理石	cardboard	纸板
nylon	尼龙	diamond	钻石	plaster	石膏	—	—
metal	金属	amber	琥珀	latex	乳胶	—	—

图 3-8 所示的案例通过在提示词中添加关键词 metal、ceramic、pearl、fabric，分别生成了金属、陶瓷、珍珠、织物 4 种不同质感的耳环图像。

Metal earrings, white background, delicate craftsmanship

Ceramic earrings, white background, delicate craftsmanship

图 3-8

Pearl earrings, white background, delicate craftsmanship

Fabric earrings, white background, delicate craftsmanship

图 3-8（续）

03 描述视角的关键词

视角会影响画面的透视感和空间感，从而影响作品的视觉吸引力和冲击力。表 3-5 列出了一些常用的描述视角的关键词。

表 3-5

关键词	说明	关键词	说明	关键词	说明
first-person view	第一人称视角	bottom view	底视图	upward view	仰视图
third-person view	第三人称视角	front view	前视图	isometric view	等轴测视图
satellite view	卫星视图	rear view	后视图	high angle view	高角度视图
aerial view	鸟瞰图	back view	背视图	super side angle	超侧角
top view	顶视图	side view	侧视图	product view	产品视图

续表

关键词	说明	关键词	说明	关键词	说明
closeup view	特写视图	tilt-shift	移轴摄影	cinematic shot	电影镜头
microscopic view	微观视图	wide angle shot	广角镜头	—	—
paraxial photography	旁轴摄影	ultra-wide shot	超广角镜头	—	—

图 3-9 所示的案例通过在提示词中添加关键词 top view 和 front view，分别生成了顶视图和前视图的建筑物图像。

Architecture design, modern contemporary, top view

Architecture design, modern contemporary, front view

图 3-9

04 描述景别的关键词

景别是指摄影机与被摄体的距离不同所造成的被摄体在摄影机寻像器中所呈现出的范围大小的区别。表 3-6 列出了一些常用的描述景别的关键词。

表 3-6

关键词	说明	关键词	说明	关键词	说明
full shot	全景	extreme long shot	大远景	long shot	远景

续表

关键词	说明	关键词	说明	关键词	说明
medium long shot	中远景	extreme close-up	大特写	waist shot	腰部以上
medium shot	中景	macro shot	微距	chest shot	胸部以上
medium close-up	中近景	full body shot	全身人像	face shot	脸部特写
close-up	特写	knee shot	膝盖以上	—	—

不同的景别能传达不同的视觉感受和情感。例如，远景画面常用于展现自然风光，给人带来宽广辽阔、豁然开朗的视觉感受。图 3-10 所示的案例即通过在提示词中添加关键词 long shot，生成了宏伟壮丽的自然风光图像。

Green mountain background, sunlight, blue sky, white clouds, mushroom house, trees, flowers, river, exquisite picture quality, wallpaper, long shot

图 3-10

图 3-11 所示的案例演示了在提示词中分别添加关键词 medium long shot、medium shot、medium close-up、close-up 后生成的中远景、中景、中近景、特写 4 种景别的人物图像。其中，中远景呈现的是人物膝盖以上的部分，常用于揭示人物与环境之间的关联；中景呈现的是人物腰部以上的部分，常用于突出表现人物的肢体动作；中近景呈现的是人物胸部以上的部分，以同时表现人物的肢体动作和面部表情；特写呈现的是人物的脸部，以放大面部表情，强调对人物的情绪和个性的细节表达。

提示

有时 AI 绘画工具并不能准确地理解提示词中描述景别的关键词，在这种情况下，可以尝试稍稍增大或减小景别，也许就能获得更理想的结果。

An Asian woman, medium long shot, detailed facial features, in the style of hyper realistic, light orange and azure, lovely and elegant

An Asian woman, medium shot, detailed facial features, in the style of hyper realistic, light orange and azure, lovely and elegant

图 3-11

An Asian woman, medium close-up, detailed facial features, in the style of hyper realistic, light orange and azure, lovely and elegant

An Asian woman, close-up, detailed facial features, in the style of hyper realistic, light orange and azure, lovely and elegant

图 3-11（续）

05 描述光线的关键词

光线在绘画和摄影中扮演着非常重要的角色，能够起到突显主体、烘托氛围、传达情感等作用。表 3-7 列出了一些常用的描述光线的关键词。

表 3-7

关键词	说明	关键词	说明	关键词	说明
front light	顺光	top light	顶光	volumetric light	体积光
back light	逆光	rim light	轮廓光	hard light	硬光
raking light	侧光	edge light	边缘光	soft light	柔光

续表

关键词	说明	关键词	说明	关键词	说明
warm light	暖光	golden hour light	黄金时段光	neon light	霓虹灯光
cold light	冷光	mood light	氛围光	Rembrandt light	伦勃朗光
bright light	明亮的光线	cinematic light	电影光	soft illumination	柔光照明
natural light	自然光	studio light	影棚光	global illuminations	全局照明
sun light	太阳光	dramatic light	戏剧光	—	—
morning light	晨光	cyberpunk light	赛博朋克光	—	—

图 3-12 所示的案例演示了在提示词中分别添加关键词 front light 和 back light 后生成的顺光和逆光两种光线效果的图像，可以看到光线能让画面变生动，并增强层次感和立体感。

A small clearing in a dense forest, a tranquil deer, front light

A small clearing in a dense forest, a tranquil deer, back light

图 3-12

图 3-13 所示的案例演示了在提示词中分别添加关键词 cinematic light 和 cyberpunk light 后生成的电影光氛围和赛博朋克光氛围的图像。

A serene morning, in a big city alleyway, with apartments, surrealistic, cinematic light, high-quality, intricate details

A serene morning, in a big city alleyway, with apartments, surrealistic, cyberpunk light, high-quality, intricate details

图 3-13

06 借助翻译工具编写提示词

大多数 AI 绘画工具的提示词需要用英文编写，如果英文水平较低，可以先用中文编写提示词，再用翻译工具将提示词翻译成英文。

常用的在线翻译工具有百度翻译、有道翻译、DeepL、微软翻译、谷歌翻译等。图 3-14 所示的案例使用百度翻译（https://fanyi.baidu.com/）将中文提示词翻译成英文提示词，从生成的图像可以看出，英文提示词较为精准地表达了中文提示词的创作意图。

图 3-14

> 一只可爱的小兔子和一个小女孩，平面插画，全身视角，细腻的绘画手法，超现实主义，怪诞的设计，流畅而简洁，颜色鲜艳，荧光色彩，高清，高分辨率，丰富的细节
> A cute little bunny and a little girl, graphic illustration, full body perspective, delicate painting techniques, surrealism, bizarre design, smooth and concise, bright colors, fluorescent colors, high-definition, high-resolution, rich details

图 3-14（续）

不同翻译工具的翻译水平不同，我们可以使用多个翻译工具翻译提示词，然后“博采众长”，从而得到能够最精准地表达创作意图的英文提示词。遇到想要借鉴的英文提示词时，也可以利用翻译工具理解其含义，以便根据自身需求进行修改。

07 借助 AI 大语言模型编写提示词

ChatGPT、文心一言、通义千问等 AI 大语言模型不仅能进行智能对话和文字生成，还具备出色的翻译能力，我们可以利用它们来生成供 AI 绘画工具使用的提示词。

与 AI 绘画工具的工作方式类似，这些 AI 大语言模型也是根据用户输入的提示词来生成内容，区别只在于生成的内容是文本而不是图像。我们需要先构思好 AI 绘画工具提示词的编写格式和具体要求，然后将格式和要求用 AI 大语言模型的提示词表达出来并输入 AI 大语言模型。下面以文心一言为例讲解具体操作。

用浏览器打开文心一言的页面（https://yiyan.baidu.com/），按照页面中的提示登录账号，然后进行如下所示的对话。

我希望你扮演一个图像提示词（prompt）生成器，你将帮助我编写 Leonardo.Ai 的提示词。Leonardo.Ai 是一种生成式 AI 工具，能够根据用户输入的提示词生成图像，类似于 Midjourney 和 DALL · E。

提示词的框架是：主体 + 细节 + 环境 + 构图 + 风格 + 画质。框架中各个部分的含义如下：

（1）主体：可以是人物、动物、物体等。

（2）细节：指的是对主体形象的精细描绘，涵盖外貌、表情、动作等方面。

（3）环境：指的是主体所处的背景，通过场景、氛围等元素来烘托主体的形象。

（4）构图：指的是画面的整体布局和安排，涵盖视角、景别等方面。

（5）风格：包含绘画风格和艺术风格，绘画风格有写实风格、水彩画、插画等，艺术风格可以是艺术流派，如印象派、波普艺术、巴洛克风格等，也可以是艺术家名，如毕加索、凡 · 高、宫崎骏等。

（6）画质：指的是图像的品质，如高品质、高分辨率、超高清、4K 等。

提示词必须按照框架顺序来生成，尽可能简短，书写在一行中，并提供英文和中文两个版本。下面是一个符合要求的提示词示例：

"""

a graceful Siamese cat, with striking blue eyes, sitting gracefully in a garden, medium close-up, oil painting, impressionist style, high-definition, rich details

一只优雅的暹罗猫，有着引人注目的蓝色眼睛，端庄地坐在花园中，中近景，油画，印象派风格，高清晰度，丰富的细节

"""

我要生成的主体是“梦幻般的城堡”，请按上述要求编写 4 组不同的提示词。

（1）A dreamy castle, bathed in soft moonlight, surrounded by misty mountains, wide shot, watercolor painting, fantasy style, high-quality, ethereal details

一座梦幻般的城堡，沐浴在柔和的月光中，被雾蒙蒙的山脉环绕，远景，水彩画，奇幻风格，高质量，空灵的细节

（2）A whimsical castle, floating among fluffy clouds in a dreamy sky, framed by a rainbow, aerial view, cartoon style, pastel colors, 4K resolution, playful details

一座奇异的城堡，漂浮在梦幻天空中的绒毛云朵之间，被一道彩虹框住，俯视，卡通风格，粉彩色调，4K 分辨率，俏皮的细节

（3）A futuristic castle, surrounded by holographic gardens and floating islands, bathed in neon lights, high-tech close-up, digital art, cyberpunk style, 8K resolution, futuristic details

一座未来感的城堡，被全息花园和漂浮的岛屿环绕，沐浴在霓虹灯光下，高科技特写，数字艺术，赛博朋克风格，8K 分辨率，未来感的细节

（4）A charming castle, nestled in a whimsical countryside, surrounded by rolling hills and colorful flowers, medium shot, illustrated style, pastel tones, detailed illustration, heartwarming details

一座迷人的城堡，坐落在奇异风格的乡村中，被起伏的山丘和五彩斑斓的花朵环绕，中景，插画风格，粉彩色调，细节插画，温馨的细节

文心一言根据我们提供的初始创意“梦幻般的城堡”及具体要求展开了合理的想象，生成了 4 组包含丰富的细节描述的提示词。在 Leonardo.Ai 中使用这 4 组提示词生成的 4 幅图像如图 3-15 所示。这个案例说明，AI 大语言模型可以成为我们寻找灵感和扩展创意的得力助手。

图 3-15

提示

在学习和借鉴优秀的 AI 绘画案例时，我们还可以利用 AI 大语言模型的文本理解能力解析英文提示词所描述的画面内容或创作意图，从而快速提升自身的英语水平和提示词的编写能力。

08 常用提示词辅助工具

初学者在编写提示词时常常不知道应该从何入手。本节将介绍一些提示词辅助工具，它们运行在浏览器中，能够帮助新手更轻松地编写提示词。

◆ Midjourney Prompt Helper

Midjourney Prompt Helper（https://promptfolder.com/midjourney-prompt-helper/）是一款 Midjourney（该工具将在第 6～8 章详细介绍）的提示词生成工具。用户先输入提示词的主体部分，然后通过可视化界面直观地选择图像的宽高比、模型版本、风格、光照、镜头等参数，Midjourney Prompt Helper 就会生成完整的提示词，如图 3-16 所示。

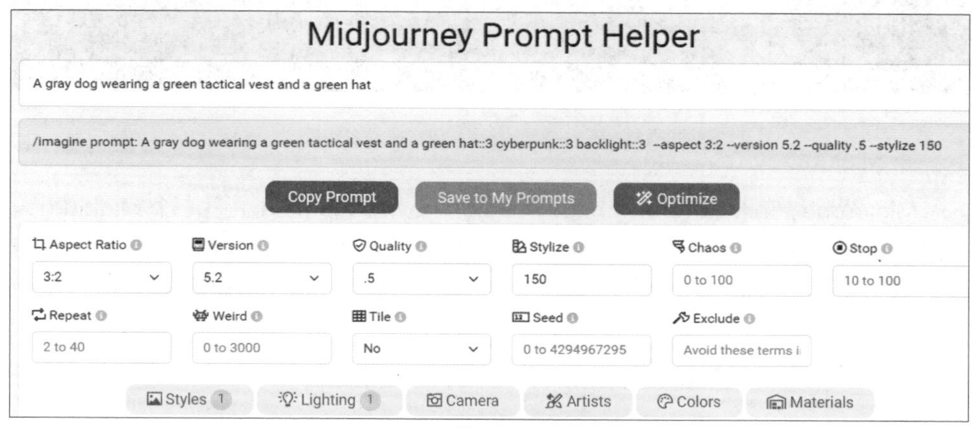

图 3-16

◆ Prompt Heroes

Prompt Heroes（https://promptheroes.cn）是一个提供 Midjourney、Stable Diffusion、DALL·E 等 AI 绘画工具的提示词、关键描述词、参数指令的网站，其首页如图 3-17 所示。用户可在搜索框中输入关键词来查找提示词。

图 3-17

◆ Lexica

Lexica 是一个基于 Stable Diffusion 模型开发的 AI 绘画工具，其首页提供了图像搜索功能，如图 3-18 所示。用户只需在搜索框中输入关键词或上传参考图像，Lexica 就能搜索出相关的图像及对应的提示词。

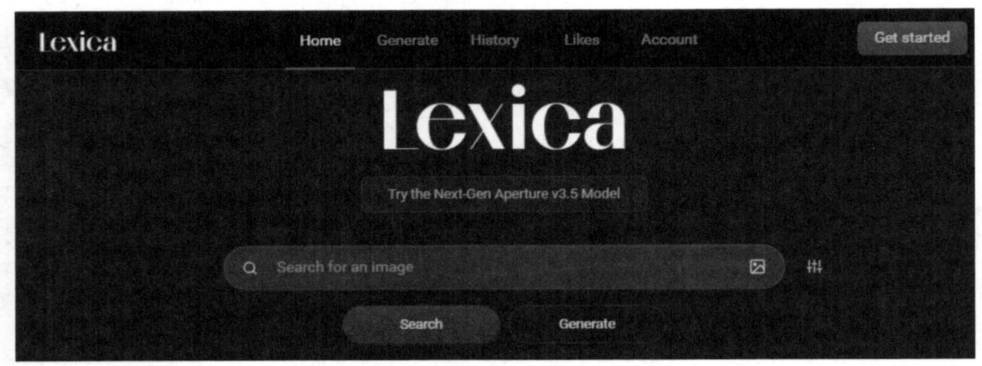

图 3-18

◆ Midjourney.TalkGame.Ai

Midjourney.TalkGame.Ai（https://midjourney.talkgame.ai）是一个 Midjourney 的提示词扩展网站，它能根据模糊和简单的描述，生成包含更多细节的描述，从而帮助用户激发创作灵感。在浏览器中打开 Midjourney.TalkGame.Ai 的页面，在文本框中输入创意雏形的描述（中文或英文皆可），然后单击“想象”按钮，稍等片刻，就可以看到围绕画面主题、艺术风格、艺术家等方面生成的多个参考描述，如图 3-19 所示。

图 3-19

◆ OPS 提示词工作室

OPS 提示词工作室（https://moonvy.com/apps/ops/）是一个可视化的、带有翻译功能的提示词编辑器，拥有简洁、美观的界面。在浏览器中打开 OPS 提示词工作室的页面，在文本框中输入想要的画面内容、构图、风格等（中文、英文或中英文混合输入皆可），编辑器就会协助用户进行翻译并优化格式，如图 3-20 所示，之后单击“复制”按钮即可获取提示词。

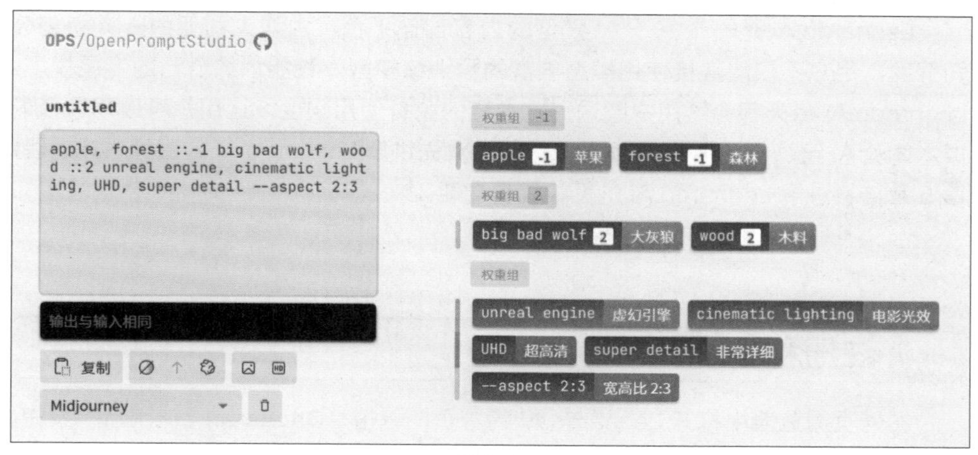

图 3-20

第 4 章　Leonardo.Ai 图像生成

Leonardo.Ai 是一个基于 AI 模型的内容创作平台，由澳大利亚的一家初创公司开发。用户不仅能直接使用类型丰富的预训练模型，还能训练自己的专属模型。Leonardo.Ai 每天都会给用户赠送一定数量的免费使用额度，让用户可以用较低的成本体验 AI 绘画的乐趣，非常适合新手。本章先讲解 Leonardo.Ai 的图像生成功能，第 5 章接着讲解 Leonardo.Ai 的图像编辑功能。

01 注册和登录 Leonardo.Ai

在网页浏览器中打开 Leonardo.Ai 的首页，单击“Create an account”按钮，如图 4-1 所示。然后按照页面中的提示信息完成账号的注册。

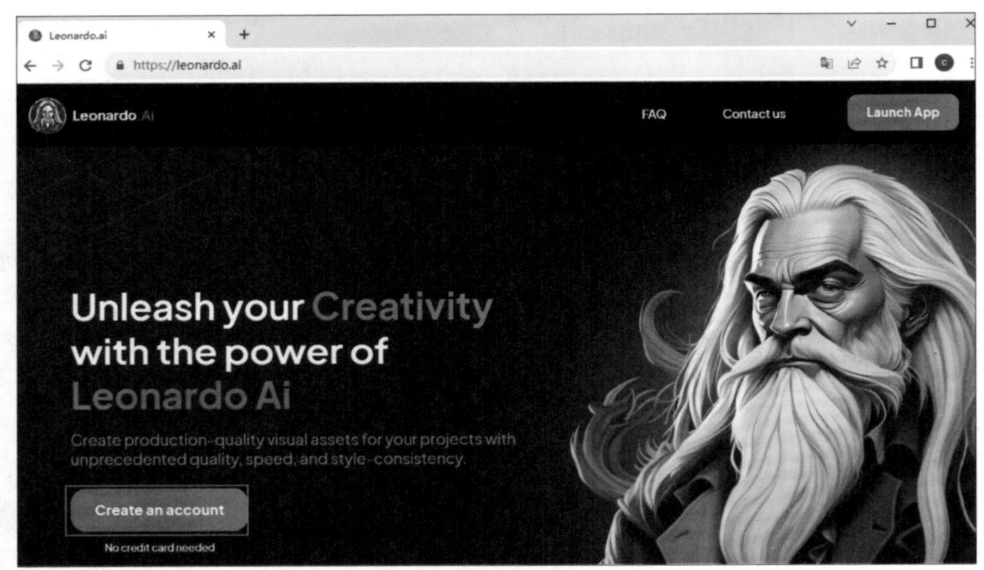

图 4-1

注册成功后会自动登录，进入 Leonardo.Ai 的“Home”页面，如图 4-2 所示。页面顶部的“Get Started Here”栏目显示的是 Leonardo.Ai 提供的主要创作工具的入口；页面下方的“Recent Creations”栏目显示的是平台上的用户最新创作的图像作品，相当于一个分享广场，在这里可以对作品进行点赞、复制、跟随创作等。

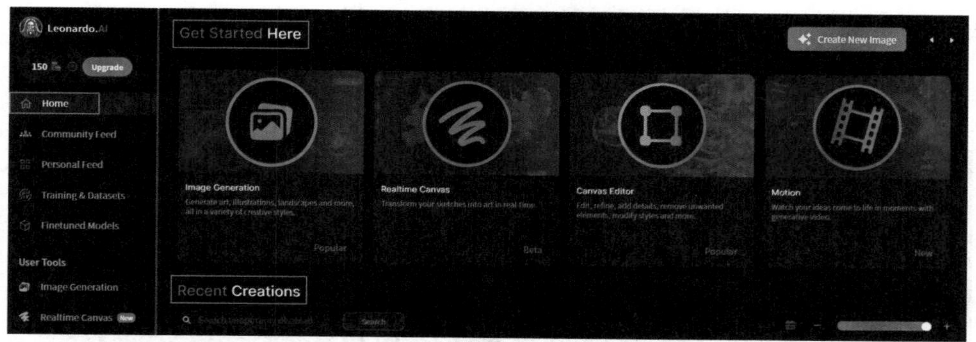

图 4-2

02 使用预训练模型生成图像

Leonardo.Ai 提供 30 多个预训练模型，涵盖了丰富多彩的艺术风格。用户可以根据创作需求选择合适的模型，然后通过输入提示词并设置绘图参数，轻松地生成图像。下面以创作一幅 CG（Computer Graphics，计算机绘图）风格的图像为例介绍具体操作。

> **提 示**
>
> Leonardo.Ai 中的图像生成和编辑操作需要消耗一种称为“代币”（token）的虚拟货币。每次操作消耗的代币数量与所生成图像的数量和尺寸及所使用功能的复杂程度等因素有关。Leonardo.Ai 每天都会给免费账户赠送一定数量的代币，用户也可通过付费订阅来获得更多代币。

在“Home”页面中，❶单击左侧边栏中的“Finetuned Models”链接，❷在右侧显示的预训练模型中单击选择一个满足需求的模型，这里选择偏向输出 CG 风格图像的“Albedo-Base XL”模型，如图 4-3 所示。

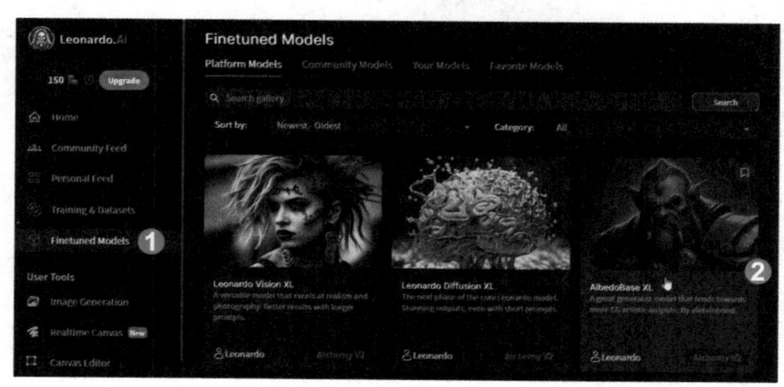

图 4-3

在弹出的对话框中会显示模型的简要介绍、训练分辨率等信息，如图 4-4 所示。如果决定使用这个模型进行创作，则单击下方的“Generate with this Model”按钮。

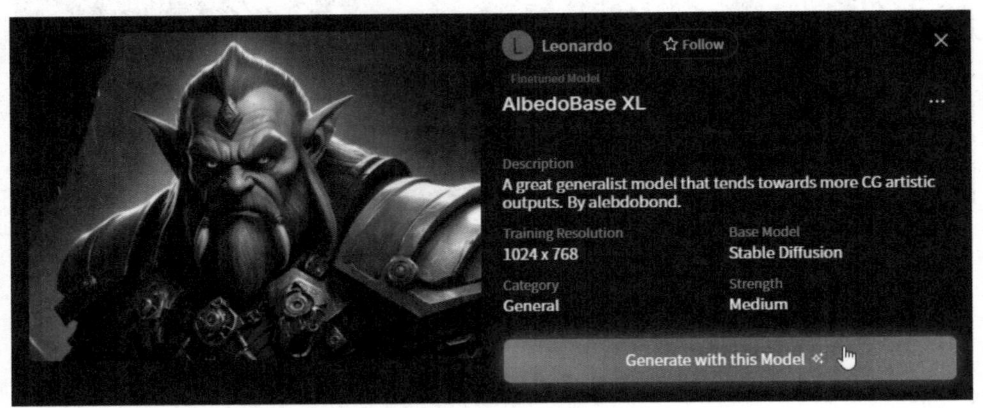

图 4-4

进入“AI Image Generation”页面，在右侧的文本框中输入提示词，如“a ginger cat wearing a spacesuit, surrounded by city neon lighting, cyberpunk style”，如图 4-5 所示。

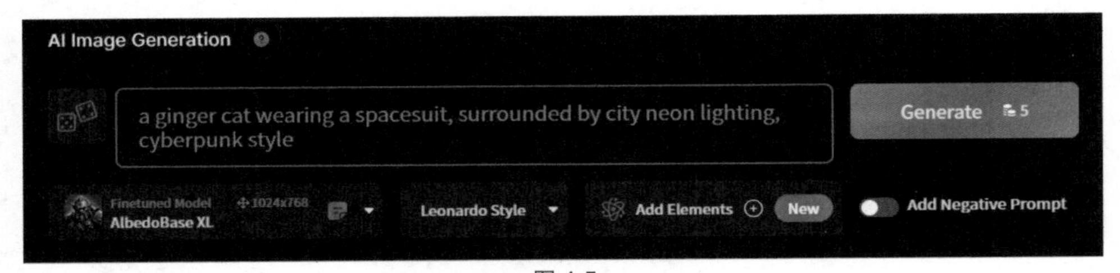

图 4-5

提 示

Leonardo.Ai 的提示词用逗号分隔不同组的描述，如主体、陪体、背景、艺术风格等。提示词的长度应适当：如果过短，AI 可能进行大胆的想象和探索，导致生成的内容大幅偏离预期；如果过长，AI 可能无法准确区分各组描述的重要性，从而忽略主体，突出陪体或背景。

输入提示词后，还可以在页面左侧边栏中设置绘图参数。❶在“Number of Images”选项组中选择生成图像的数量，这里将数量设置为“2”，以减少代币的消耗，❷关闭“PhotoReal”（超逼真照片）功能和“Alchemy”（影像炼金术）功能，以减少代币的消耗，❸在“Image Dimensions”选项组中选择图像的尺寸，这里为了确保图像效果，选择与模型的训练分辨率一致的 1024×768，如图 4-6 所示。

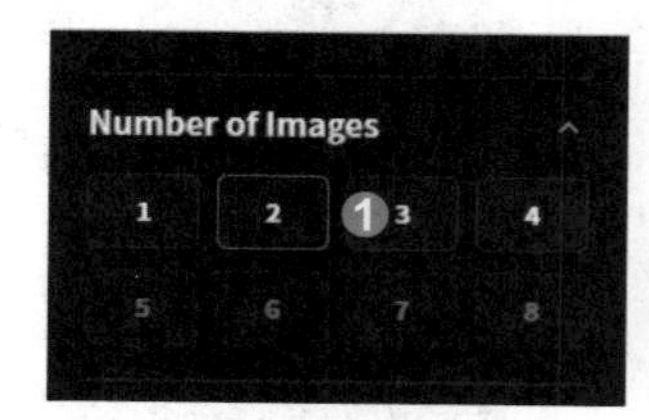

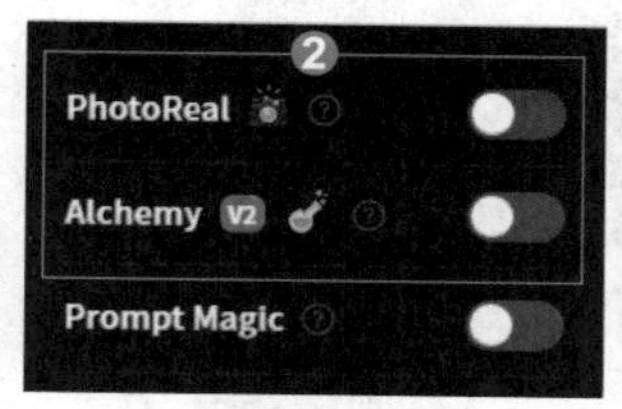

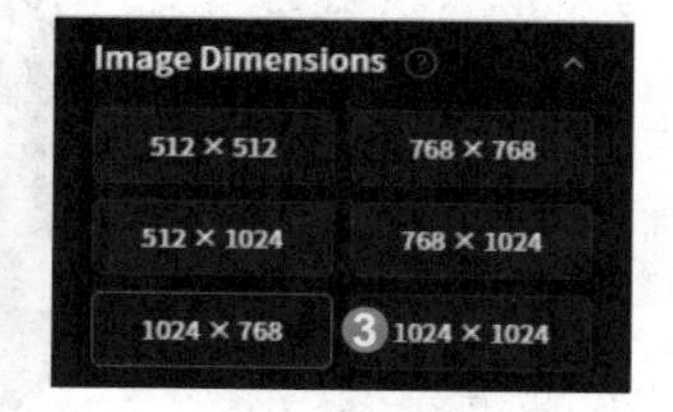

图 4-6

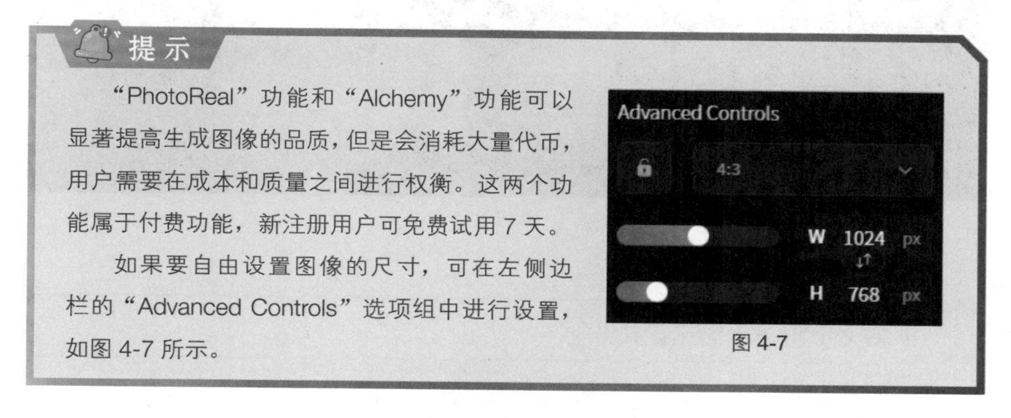

提 示

“PhotoReal”功能和“Alchemy”功能可以显著提高生成图像的品质，但是会消耗大量代币，用户需要在成本和质量之间进行权衡。这两个功能属于付费功能，新注册用户可免费试用 7 天。

如果要自由设置图像的尺寸，可在左侧边栏的“Advanced Controls”选项组中进行设置，如图 4-7 所示。

图 4-7

设置完毕后，❶单击提示词输入框右侧的“Generate”按钮，稍等片刻，❷在下方的“Generation History”选项卡中会显示根据输入的提示词和设置的参数生成的图像，如图 4-8 所示。

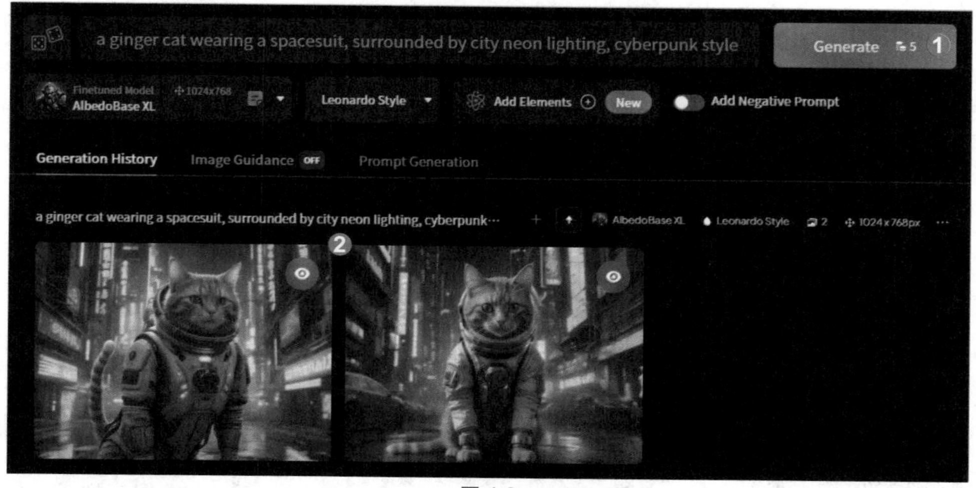

图 4-8

单击某张图像的缩览图，将弹出一个对话框单独显示图像。如果感到满意，可单击“Download image”按钮 （见图 4-9），将图像下载至本地硬盘。

图 4-9

03 复刻他人作品的创意

在“Home”页面的“Recent Creations”栏目中可以看到其他用户的图像作品。我们可以在其中挑选自己感兴趣的图像，然后通过复制提示词和参数，快速生成风格类似的图像。

在“Recent Creations”栏目中单击选择一幅自己喜欢的作品，如图 4-10 所示。

图 4-10

在弹出的对话框中可看到生成此图像所使用的提示词和参数。单击“Remix”

按钮，直接复制提示词和参数，如图 4-11 所示。

图 4-11

提 示

如果只需要复制提示词而不需要复制参数，则单击对话框中的“Copy Prompt”按钮；如果想要以图像作为参考来生成新图像，则单击“Image2Image”按钮。

进入“AI Image Generation”页面，可根据需求修改提示词和参数。这里不做修改，直接单击“Generate”按钮，如图 4-12 所示。

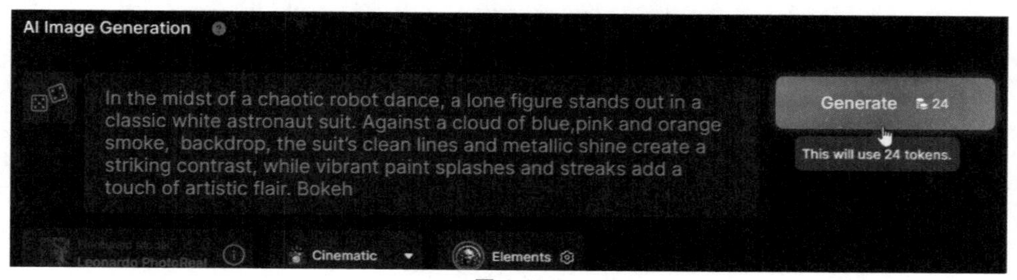

图 4-12

稍等片刻，Leonardo.Ai 会根据复制的提示词和参数生成新的图像，可以看到新图像与原图像的风格非常相似，如图 4-13 所示。

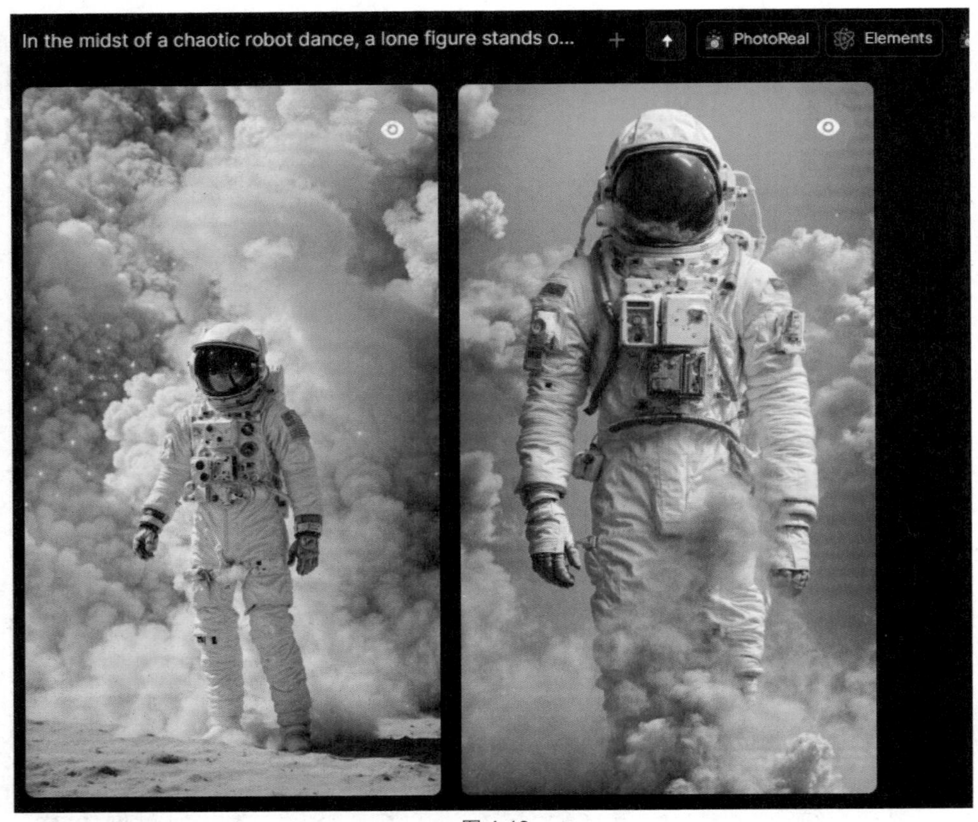

图 4-13

04 利用提示词生成器辅助编写提示词

如果在编写提示词时缺乏灵感，可使用 Leonardo.Ai 提供的提示词生成器生成一些提示词作为参考。

按照前面讲解的方法，在"Finetuned Models"页面中选择要使用的预训练模型，如"3D Animation Style"，在弹出的对话框中单击"Generate with this Model"按钮，进入"AI Image Generation"页面。

❶切换至"Prompt Generation"选项卡，❷在"Number of Prompts to Generate"选项组中指定提示词的生成数量，如"2"，❸在下方的文本框中输入基本创意，如"a corgi puppy chasing a ball"，❹单击右侧的"Ideate"按钮，❺稍等片刻，Leonardo.Ai 会生成指定数量的提示词，每条提示词都对基本创意进行了扩展，添加了细节描述，❻选择自己觉得满意的提示词，单击其右侧的"Generate"按钮，如图 4-14 所示。

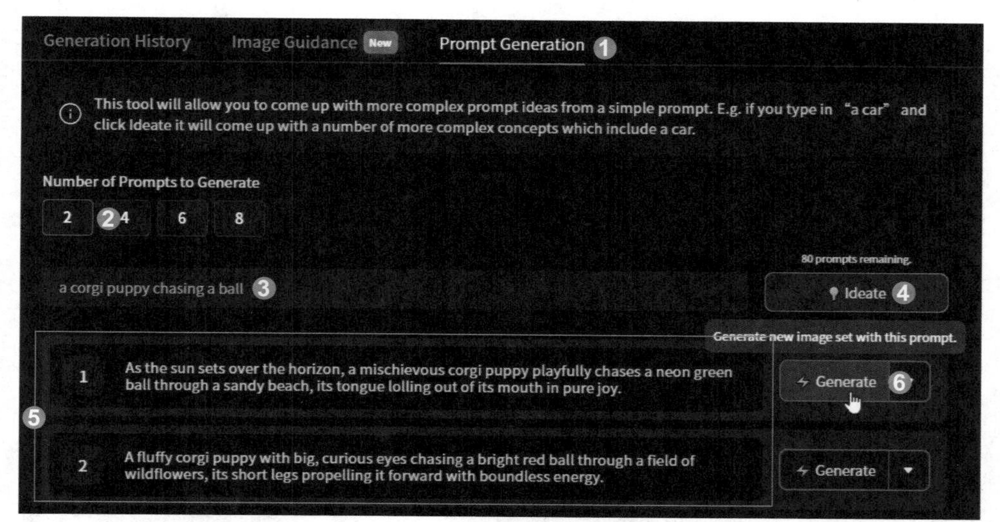

图 4-14

稍等片刻，Leonardo.Ai 会根据所选的提示词生成相应的图像，如图 4-15 所示。

图 4-15

如果对提示词的某些细节不满意，可进行手动修改。返回“Prompt Generation”选项卡，❶单击“Generate”右侧的下拉按钮，❷在展开的列表中选择“Edit”选项，如图 4-16 所示。

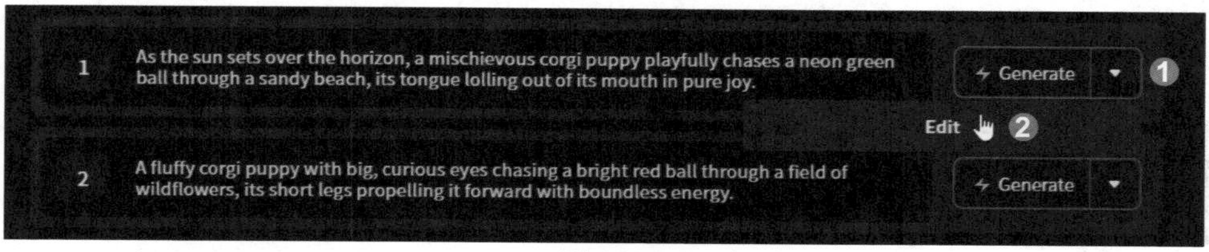

图 4-16

根据自己想要的画面效果在左侧的文本框中修改提示词，修改完毕后单击“Done”按钮确认，如图 4-17 所示。

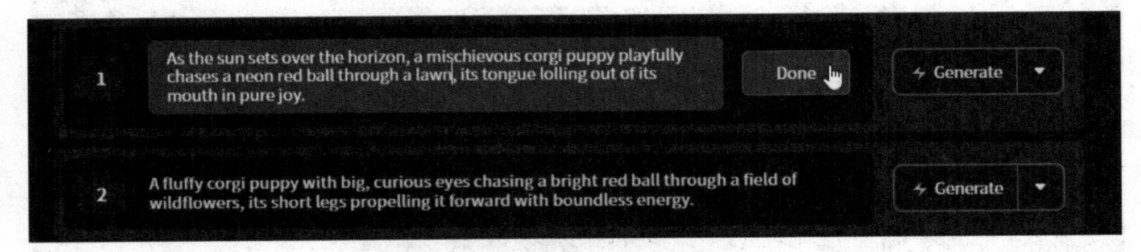

图 4-17

再次单击右侧的“Generate”按钮，根据修改后的提示词重新生成图像，效果如图 4-18 所示。

图 4-18

05 利用负向提示词减少图像的缺陷

Leonardo.Ai 生成的图像可能出现扭曲、失真、模糊等缺陷。利用负向提示词可以避免模型输出包含这类缺陷的内容，从而有效地提高图像的生成质量。

在“Finetuned Models”页面选择要使用的预训练模型，如“DreamShaper v7”，进入“AI Image Generation”页面。❶在右侧的文本框中输入提示词“Several girls taking selfies”，在左侧边栏中适当设置绘图参数，❷然后单击“Generate”按钮，如图 4-19 所示。

图 4-19

稍等片刻，查看生成的图像，会发现部分人物的面部和手部存在变形和失真等明显的缺陷，如图 4-20 所示。

图 4-20

❶单击“Add Negative Prompt”开关按钮，开启负向提示词功能，❷然后在上方的文本框中输入负向提示词，如“mutated hands and fingers, deformed, bad anatomy, disfigured, poorly drawn face, mutated, extra limb, ugly, poorly drawn hands, missing limbs, floating limbs, disconnected limbs, malformed hands”，❸再次单击“Generate”按钮，如图 4-21 所示。

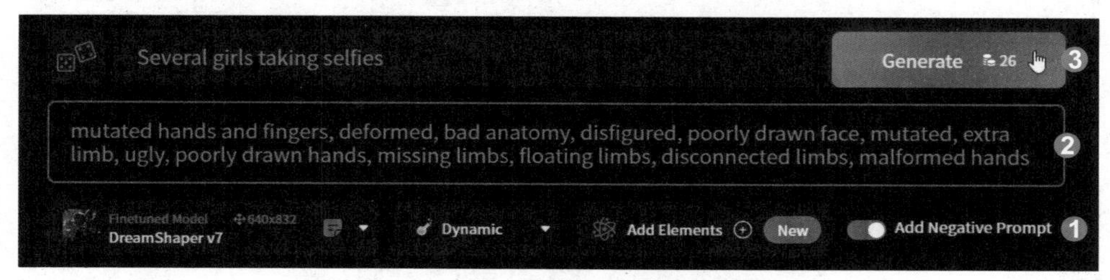

图 4-21

稍等片刻，查看重新生成的图像，会发现变形和失真的问题得到了明显改善，如图 4-22 所示。

图 4-22

06 为图像添加风格元素

“风格元素”（Elements）是 Leonardo.Ai 在 2023 年 9 月推出的新功能，它允许用户在图像中添加和混合一些艺术风格，如巴洛克风格、赛博朋克风格、民间艺术插画风格等。

在“Finetuned Models”页面选择要使用的预训练模型，如“DreamShaper v7”，进入“AI Image Generation”页面。❶输入提示词，如“a car parked on a bustling city street, bright yellow, hyper-detail, asymmetry, streamlined design”，适当设置绘图参数，❷单击“Generate”按钮，如图 4-23 所示。

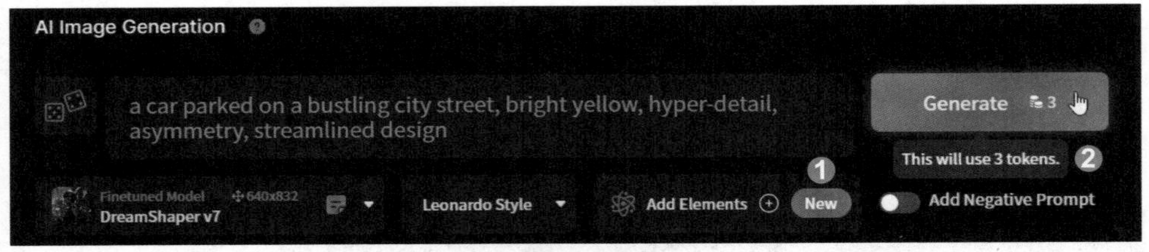

图 4-23

稍等片刻，查看根据提示词生成的图像，没有明显的艺术风格，如图 4-24 所示。

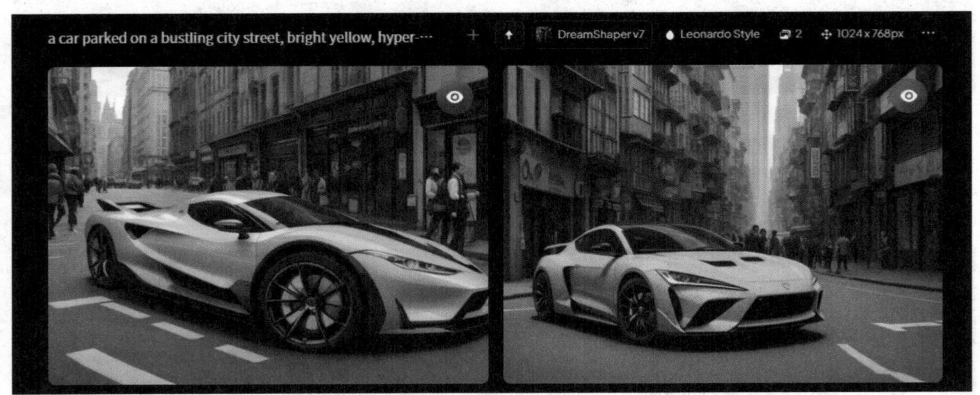

图 4-24

接下来尝试为图像添加风格元素。单击提示词输入框下方的“Add Elements”按钮，如图 4-25 所示。

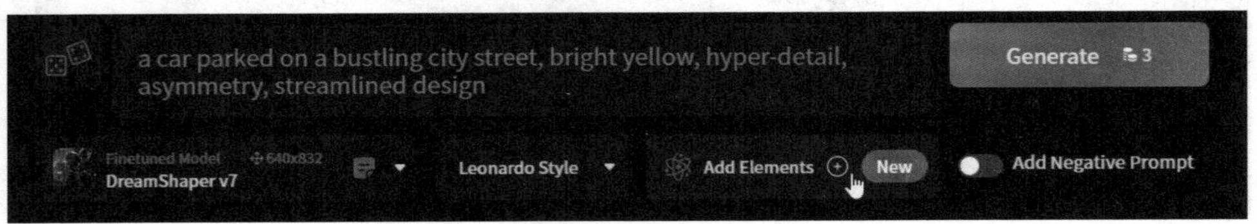

图 4-25

弹出图 4-26 所示的“Elements”对话框，默认勾选“Show compatible only”复选框，表示只显示与当前模型兼容的风格元素。❶单击选择一种风格元素，如“Ebony & Gold”（乌木与黄金），所选元素的右上角会显示✔图标，❷对话框右上角会显示已选元素的数量（最多可同时选择 4 种元素），❸然后单击“Confirm”按钮。

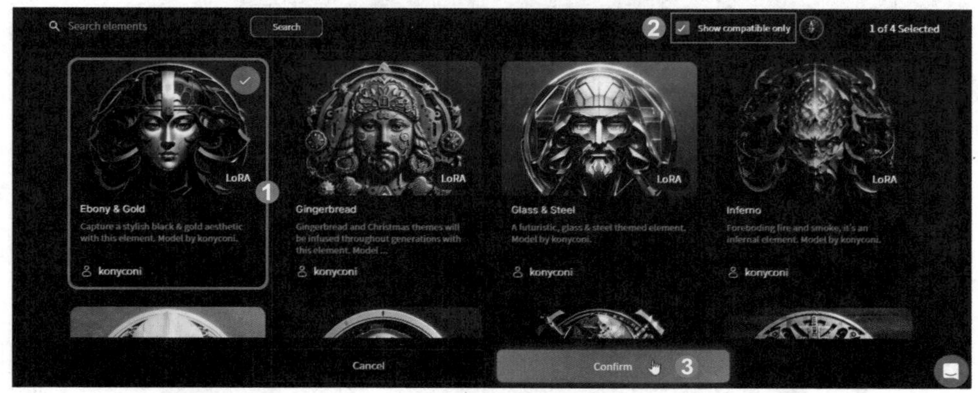

图 4-26

返回“AI Image Generation”页面。❶查看添加的“Ebony & Gold”风格元素，❷拖动元素右侧的“Weight”滑块来调整其权重（调整范围为 -1.0 ～ 2.0），❸再次单击“Generate”按钮，如图 4-27 所示。

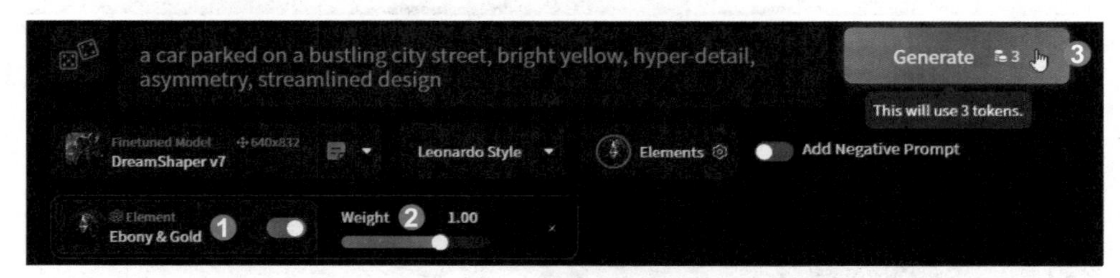

图 4-27

稍等片刻，会生成带有“Ebony & Gold”风格元素的新图像，如图 4-28 所示。

图 4-28

继续尝试叠加其他风格元素。❶单击提示词输入框下方的“Elements”按钮，❷在弹出的对话框中单击选择要叠加的风格元素，如“Glass & Steel”（玻璃与钢铁），❸单击“Confirm”按钮，如图 4-29 所示。

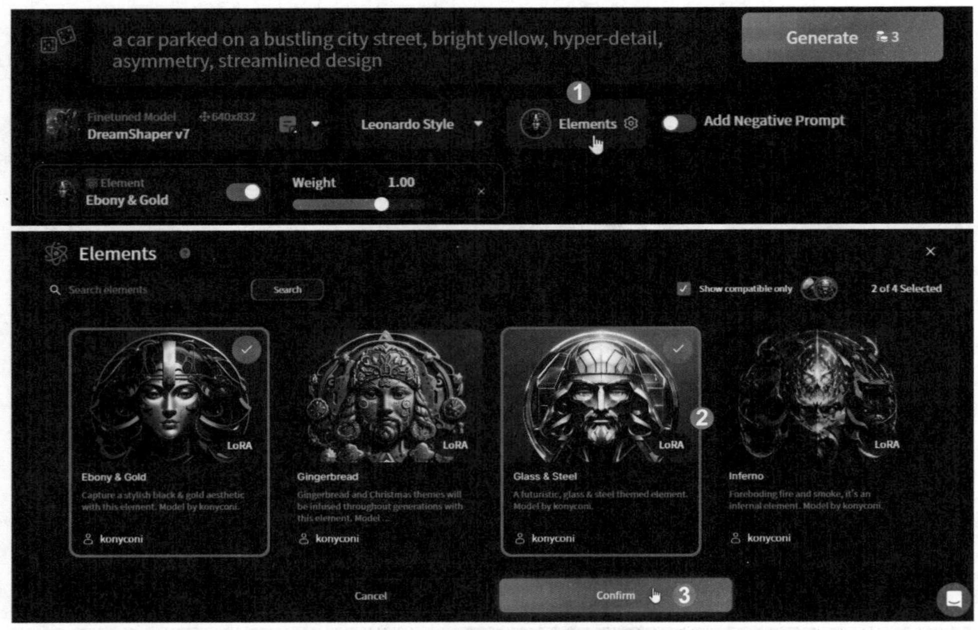

图 4-29

❶通过拖动“Weight”滑块调整两种风格元素的权重，❷然后单击“Generate”按钮，如图 4-30 所示。

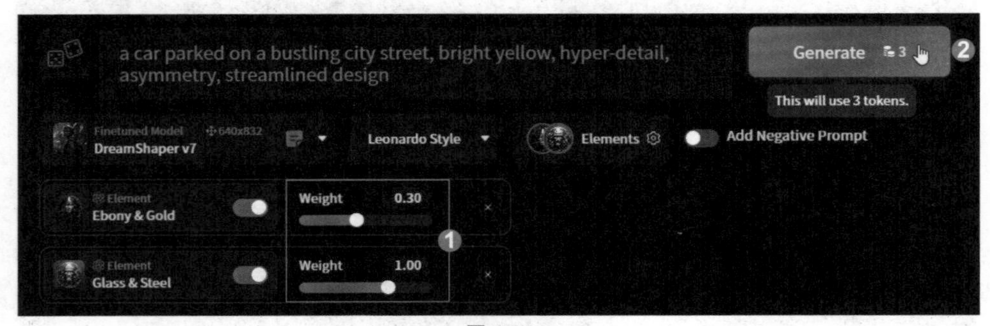

图 4-30

提 示

单击风格元素名称右侧的开关按钮可启用或禁用元素，单击“Weight”滑块右侧的按钮可删除元素。

稍等片刻，就会生成融合了两种风格元素的新图像，如图 4-31 所示。

图 4-31

07 利用参考图进行创作

如果想参考喜欢的图像进行创作，又不知道该如何用文字来描述，可以使用 Leonardo.Ai 提供的“Image to Image”（以图生图）功能。该功能允许用户提供单张参考图，搭配提示词来生成相似的图像。

在“Finetuned Models”页面中选择要使用的预训练模型，如“AlbedoBase XL”，进入“AI Image Generation”页面。❶输入提示词“luxury retro traditional hollow carving, a peacock, elegant color scheme, auspicious cloud, auspicious pattern, Chinese style, super high definition image quality”，在左侧边栏中适当设置绘图参数，❷关闭“PhotoReal”和“Prompt Magic”功能，❸单击“Generate”按钮，如图 4-32 所示。

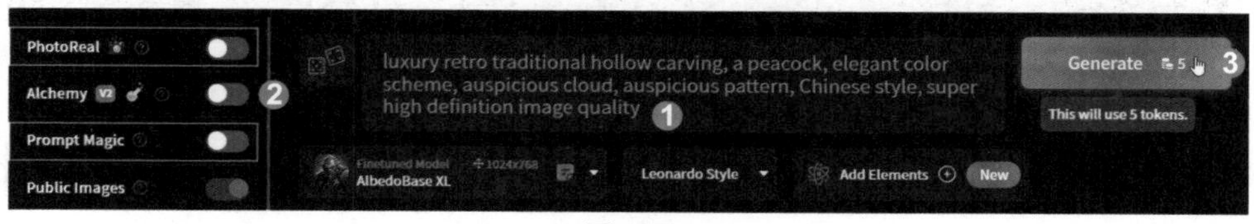

图 4-32

提 示

使用“Image to Image”功能时，不能同时使用“PhotoReal”和“Prompt Magic”功能。

稍等片刻，查看生成的图像，如图 4-33 所示。因为提示词中未对孔雀进行细致的描述，所以模型进行了自由创作，下面通过提供参考图来生成图像。

图 4-33

❶切换至“Image Guidance”选项卡，❷单击上传区，如图 4-34 所示。

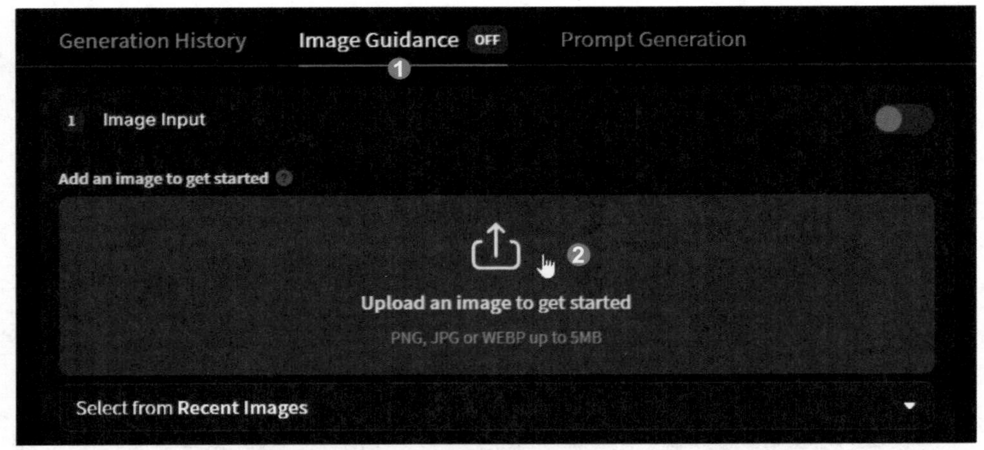

图 4-34

提 示

上传的参考图只能为 PNG、JPG、WEBP 这 3 种格式，并且不能大于 5 MB。为了得到最好的生成效果，参考图的宽高比要与左侧边栏中设置的目标宽高比一致。

除了上传本机中的图片作为参考图，还可以选择 Leonardo.Ai 中的图像（包括用户自己创作的图像和其他用户创作的图像）。操作方法是单击上传区下方的“Select from Recent Images”下拉列表框，选择“Show More”选项，在弹出的对话框中进行浏览和选择。

在弹出的对话框中选择并上传参考图后，❶在“Source Image”区域会显示参考图的缩略图，❷在“Type”下拉列表框中选择“Image to Image”选项，❸拖动“Strength”滑块调整参考图的影响程度，这里为了避免参考图过度影响作品的风格，向左拖动滑块，将影响程度适当调低，如图 4-35 所示。

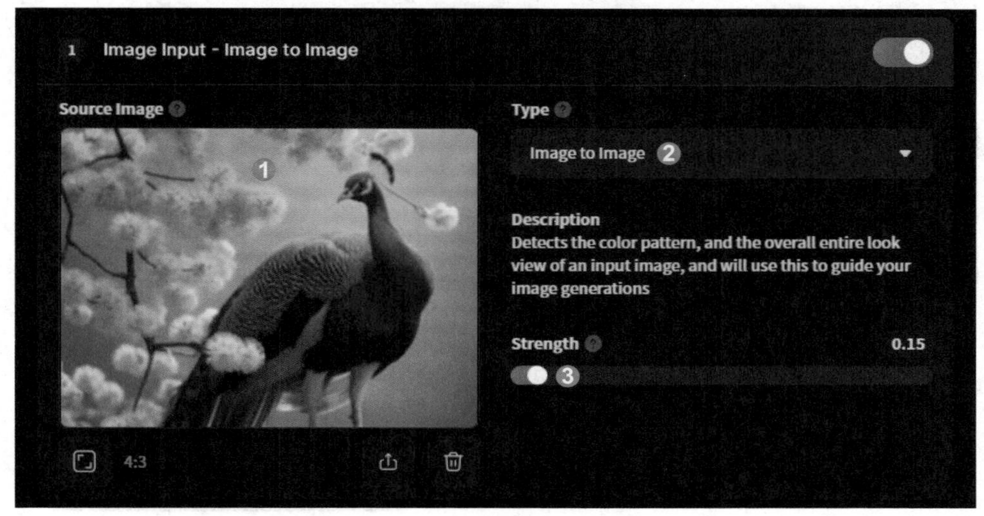

图 4-35

设置完毕后，❶在提示词输入框下方会显示相应的参考图设置，❷单击右侧的“Generate”按钮来生成图像，如图 4-36 所示。

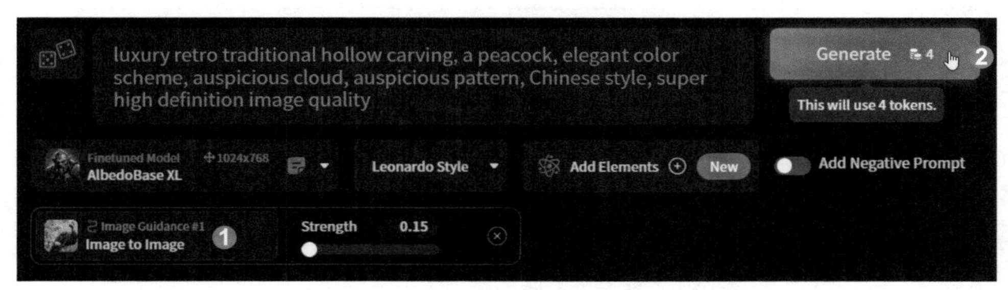

图 4-36

提 示

单击参考图设置右侧的⊗按钮可删除该设置。

❶切换至“Generation History”选项卡，❷查看根据参考图和提示词生成的图像，如图 4-37 所示。可以看到参考图的物体、构图、颜色都对结果图像产生了一定的影响。

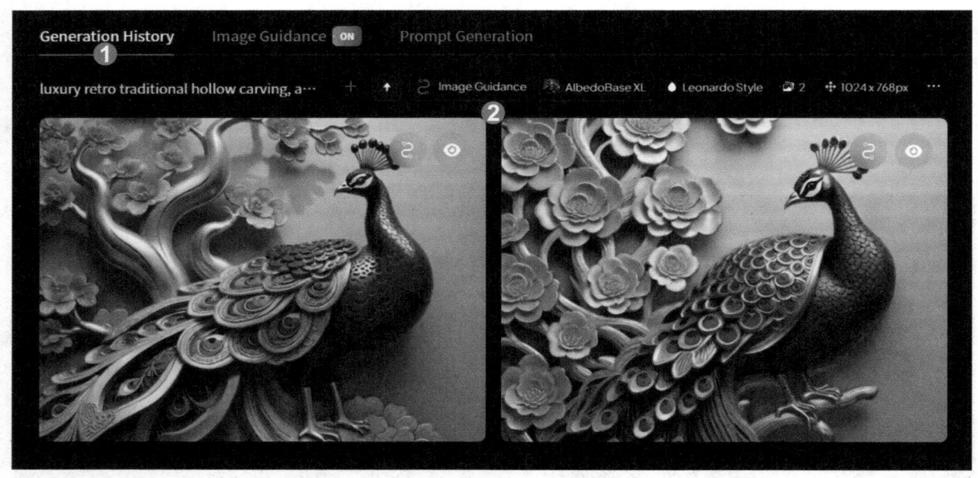

图 4-37

提示

如果想调整提示词对作品的影响程度，可使用左侧边栏中的“Guidance Scale”滑块，如图 4-38 所示。过低或过高的值都可能导致意想不到的结果和图像质量下降，推荐设置为 7 左右。

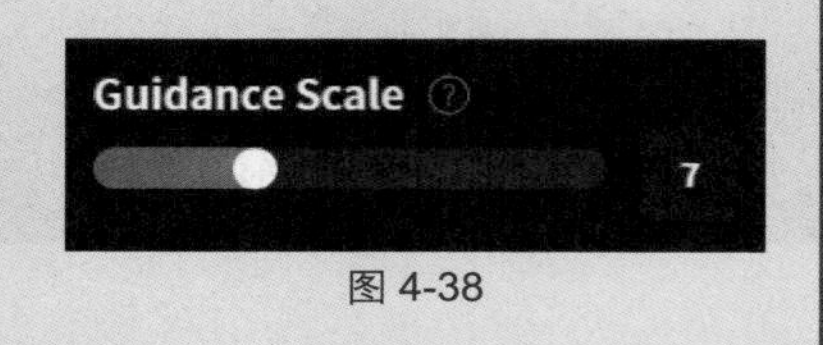

图 4-38

08 训练自己的专属模型

Leonardo.Ai 的用户除了可以使用预训练模型，还可以通过上传素材图像来训练自己的专属模型，生成个性化的图像。为保证训练效果，素材图像要满足以下要求。

（1）数量不能超过 40 张，但也不宜少于 20 张；

（2）尺寸尽可能大于 512 像素 ×512 像素，宽高比应尽可能统一；

（3）分辨率尽可能高，不能有水印；

（4）具有共同的主题或特征，如同一个物品或人物处于相同的画面构图中，但在角度、光照条件和场景等方面尽可能多样化；

（5）如果是人物图像，应符合单人、正面、脸部清晰等要求。

首先需要创建一个数据集。❶在“Home”页面的左侧边栏中单击“Training & Datasets”链接，进入“Training & Datasets”页面（训练和管理模型数据集的工具），❷单击页面顶部的“New Dataset”按钮，如图 4-39 所示。

图 4-39

弹出“Create New Dataset”对话框，❶输入数据集名称，❷输入描述信息，❸输入完毕后单击“Create Dataset”按钮，如图 4-40 所示。

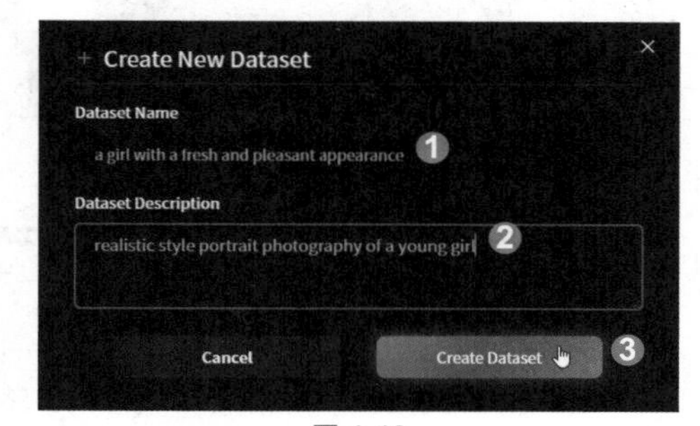

图 4-40

进入“Dataset Editor”页面，❶可看到之前输入的数据集的名称和描述信息，❷单击下方的“Dataset Images”区域的“Upload Images”按钮，如图 4-41 所示。

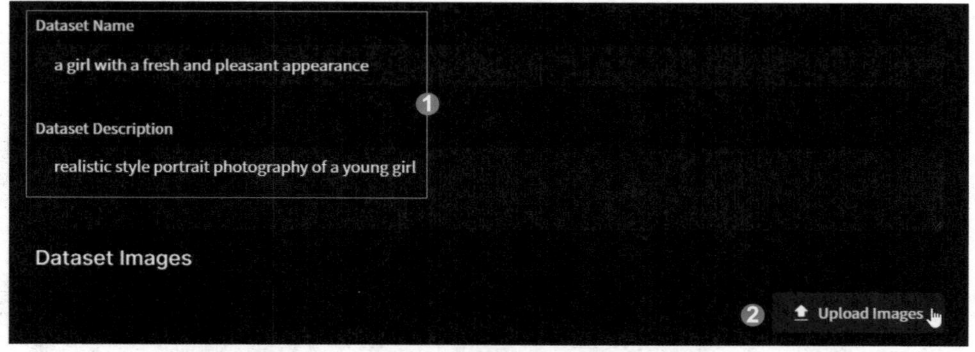

图 4-41

弹出“打开”对话框，❶在对话框中选择用于训练模型的素材图像，❷然后单击“打开”按钮，上传图像，如图 4-42 所示。

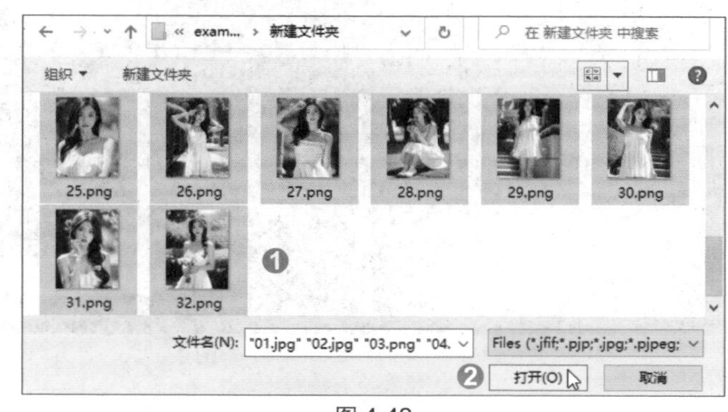

图 4-42

上传完毕后，❶“Dataset Images”区域会显示素材图像的缩览图，❷单击右侧的“Train Model”按钮开始训练模型，如图 4-43 所示。

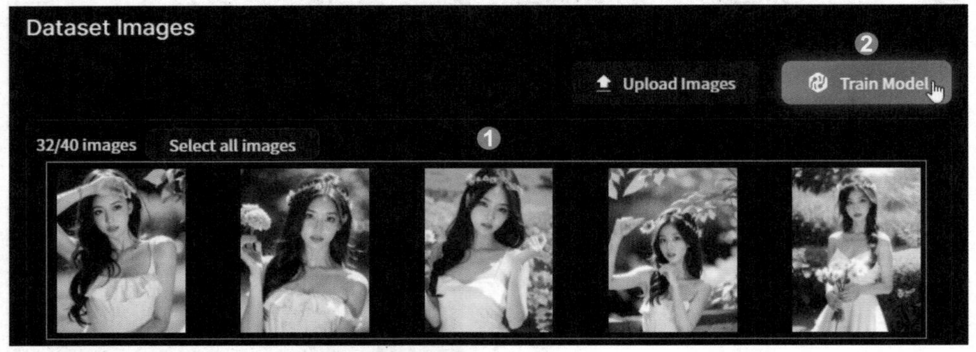

图 4-43

弹出“Train Model”对话框，❶在“Model Name”文本框中输入模型的名称，如“realistic portrait”，❷在“Training Resolution”下拉列表框中选择模型的训练分辨率，这里选择“512×512”，❸在“Category”下拉列表框中选择模型的分类，这里因为是人物模型，所以选择“Characters”选项，❹在“Base Model”下拉列表框中选择基础模型，这里选择“Stable Diffusion v1.5（512×512）”，❺在“Instance Prompt”文本框中输入提示词示例，如“a girl”，❻设置完毕后单击“Start Training”按钮，如图 4-44 所示。

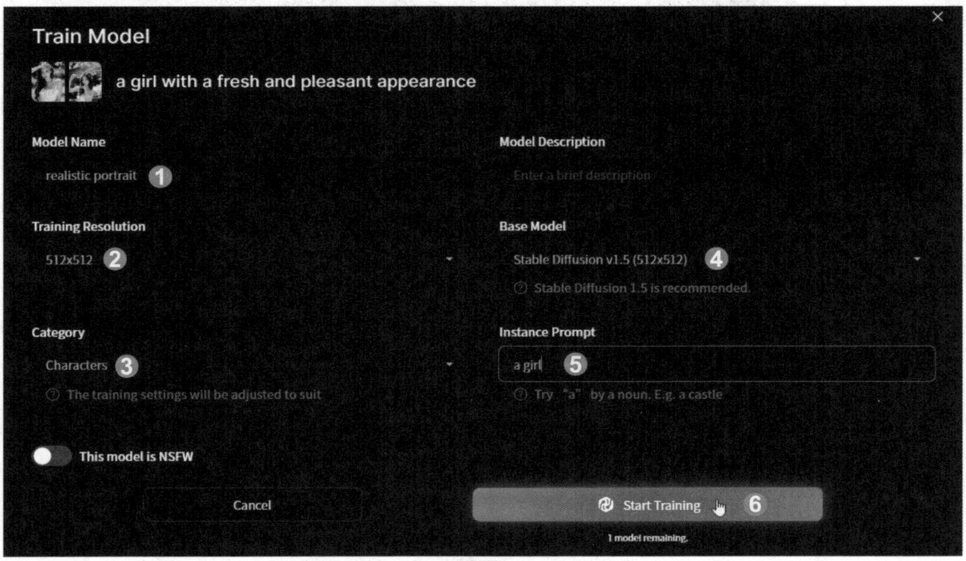

图 4-44

页面中弹出图 4-45 所示的对话框，提示正在训练模型，训练完毕后会用电子邮件通知用户。如果要查看训练的状态，可单击下方的“View Job Status”按钮。

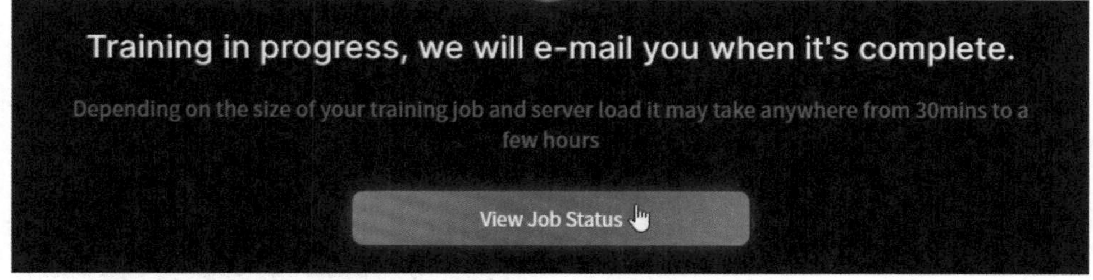

图 4-45

跳转到“Training & Datasets”页面，在“Job Status”选项卡下的“Status”栏会显示目前的训练状态，状态变为“Done”时表示训练完毕，如图 4-46 所示。

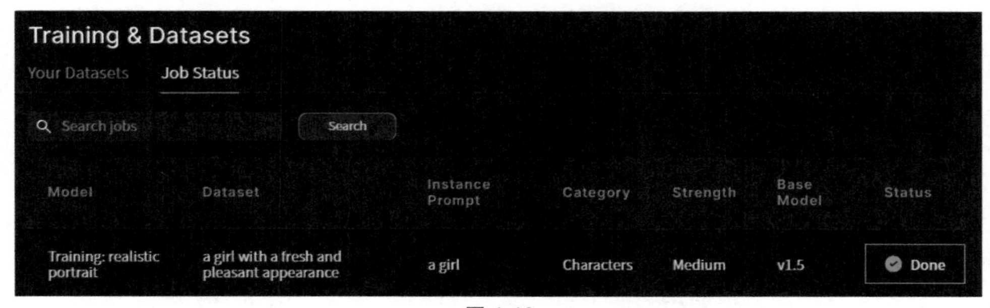

图 4-46

模型训练完毕后，就可以使用模型生成图像了。❶单击左侧边栏中的“Finetuned Models”链接，进入相应页面，❷切换至“Your Models”选项卡，将鼠标指针放在刚才训练好的“realistic portrait”模型上，❸单击“View”按钮，如图 4-47 所示。

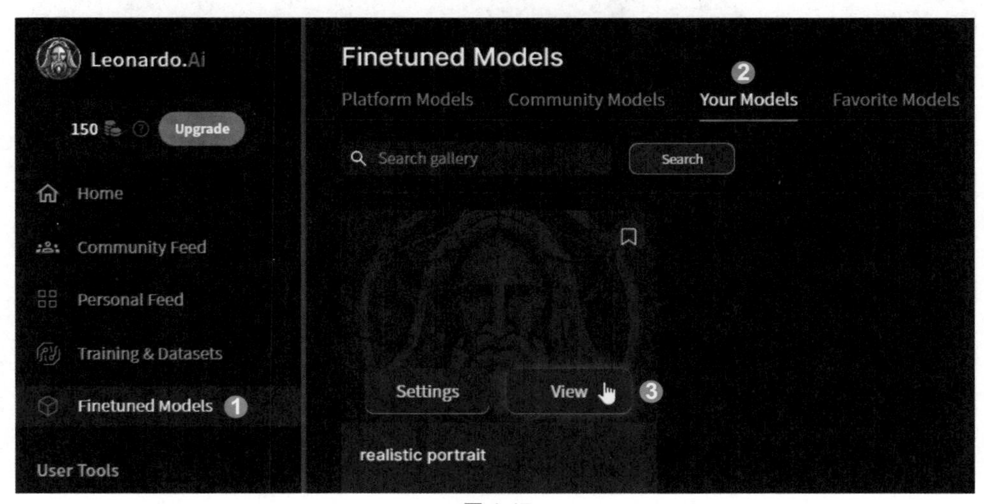

图 4-47

在弹出的对话框中单击“Generate with this Model”按钮，如图 4-48 所示。

随后自动进入“AI Image Generation”页面，❶可看到已选择了“realistic portrait”模型，❷输入提示词，如“a girl, smiling gently, wearing a green dress with golden lace, medium shot, sharp focus, ultra detailed, photorealistic”，❸单击“Generate”按钮，如图 4-49 所示。

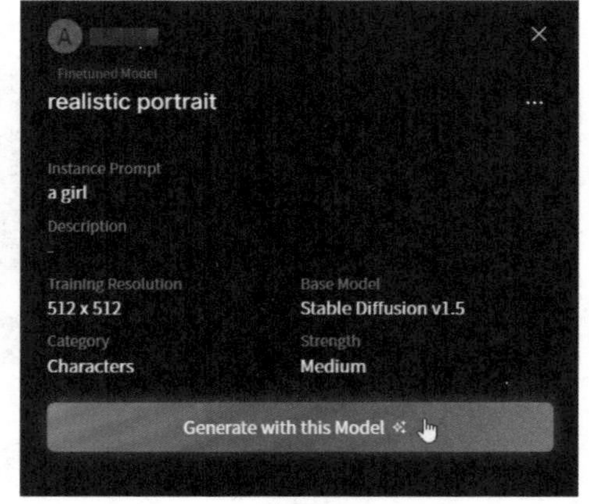

图 4-48

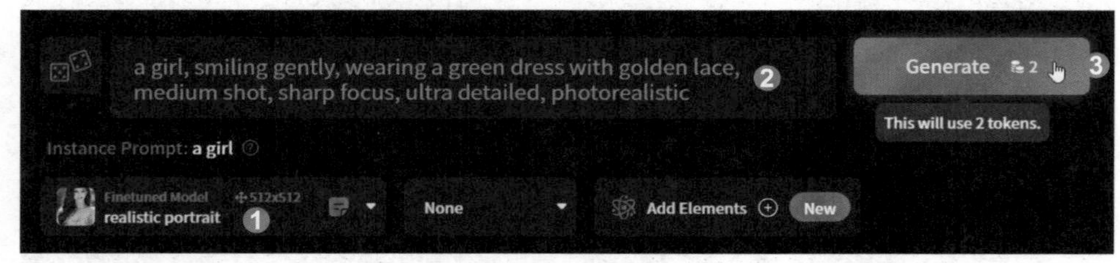

图 4-49

稍等片刻，即可看到生成的人物图像，其整体风格与用于训练模型的素材图像比较相似，如图 4-50 所示。

图 4-50

09 实战演练：打造独一无二的盔甲女战士

前面介绍了 Leonardo.Ai 的基本用法，本节将通过一个案例来演示 Leonardo.Ai 在实际工作中的应用。我们将通过选择模型和调整提示词，完成一个盔甲女战士的游戏角色设计。

进入“AI Image Generation”页面，❶在模型下拉列表框中选择擅长输出 CG 风格图像的“AlbedoBase XL”模型，❷在文本框中输入提示词，如“A female warrior, metal armor, game character, white background”，如图 4-51 所示。在创作的初期阶段可能只有粗糙的构想，提示词中对角色的描述可以笼统一些，这样也可以给 AI 模型留出更大的创作自由度，为我们提供更多的灵感。

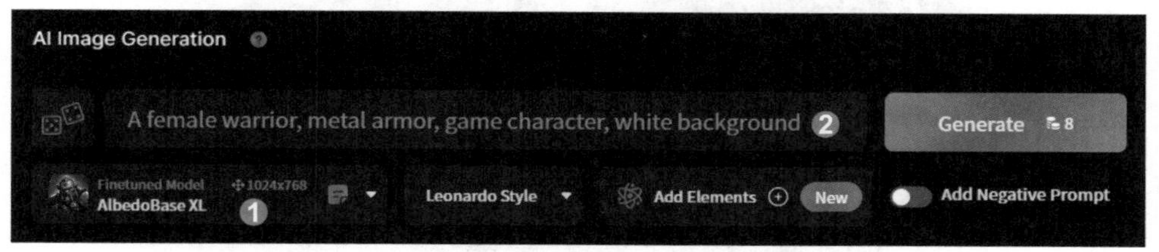

图 4-51

在页面左侧边栏中设置绘图参数，在创作的初期阶段不需要生成高清大图，可以设置较小的图像尺寸，以减少代币的消耗。❶设置生成图像的数量为“4”，❷选择较小的图像尺寸，如“768×768”，❸再利用“W”滑块将图像宽度减小为 512 像素，使宽高比变为“2∶3”，这种竖幅的宽高比适合展示人物，如图 4-52 所示。

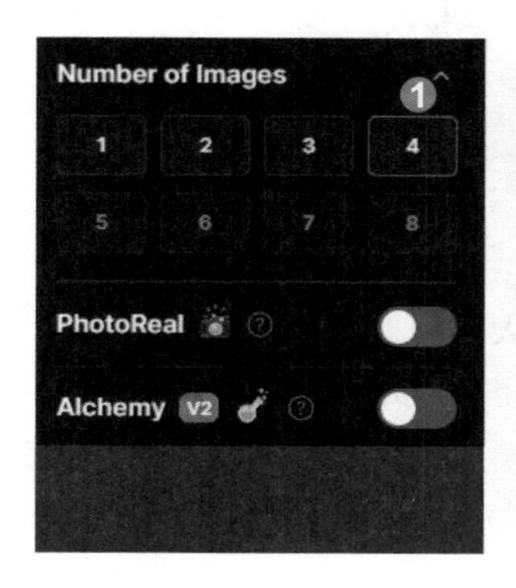

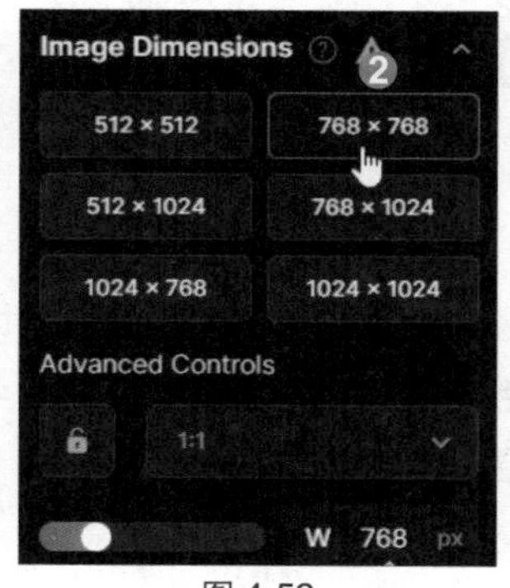

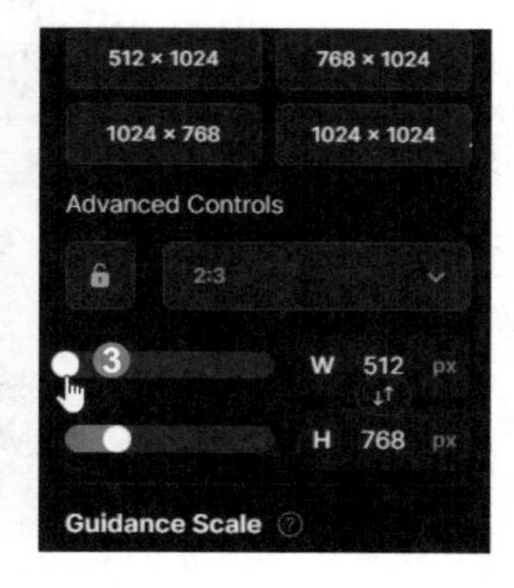

图 4-52

单击“Generate”按钮后生成的 4 张图像如图 4-53 所示。因为提示词中缺少细节描述，所以 AI 模型自行设计了角色的发型和发色、盔甲的颜色和款式等，风格不统一。这些都需要在后续操作中进行针对性的调整。

图 4-53

从之前生成的图像中汲取灵感，在提示词中添加对人物的外貌、服饰、武器等的描述，如紫色长发、湛蓝色眼睛、浅灰色和金色的战斗服、华丽的几何图案装饰、飘逸的披风、长矛等。修改后的提示词如下：

> A female warrior, metal armor, purple long hair, azure eyes, light gray and golden combat attire, gorgeous geometric patterns embellishment, flowing cape, a long spear, game character, white background

重新生成的图像如图 4-54 所示。可以看到，角色的形象更加具体和鲜明，视觉效果更加精致，整体风格也更加统一。

图 4-54

为了更完整地呈现角色的外观设计，全身图是必不可少的，因此还需要在提示词中添加全身镜头的关键词。修改后的提示词如下：

> A female warrior, full body shot, metal armor, purple long hair, azure eyes, light gray and golden combat attire, gorgeous geometric patterns embellishment, flowing cape, a long spear, game character, white background

重新生成的图像如图 4-55 所示，可以看到均为全身镜头。

图 4-55

游戏角色设计通常还需要绘制正面、侧面、背面等多个视角的图稿，以全面展现角色形象，确保在不同的角度和场景下都有令人满意的效果。因此，继续在提示词中添加描述视角的关键词。修改后的提示词如下：

> A female warrior, full body shot, metal armor, purple long hair, azure eyes, light gray and golden combat attire, gorgeous geometric patterns embellishment, flowing cape, a long spear, game character, front view, side view, back view, three sided view

因为要在一个画面中同时展示多个视角，所以还需要在左侧边栏中修改图像的尺寸，使宽高比从竖幅变成横幅，如 3:2 或 16:9 等。重新生成的图像如图 4-56 所示，从不同角度呈现了角色的外观设计。

图 4-56

第 5 章 Leonardo.Ai 图像精修

Leonardo.Ai 除了提供强大的图像生成功能，还提供智能化的图像编辑功能，能够完成去除背景、放大图像、扩展画面、替换物体和人物表情等图像精修任务。在过去，用户需要精通 Photoshop 等高级图像处理软件并执行烦琐的操作才能完成这些任务，如今借助 Leonardo.Ai 就能轻松地达到目的。

01 一键删除图像背景

使用 Leonardo.Ai 生成图像后，可以利用 Remove background 功能快速去除图像背景。该功能会自动判断图像中的主体，并将非主体的部分变成透明像素。

下面以在 Leonardo.Ai 中生成的一张人物图像为例介绍具体操作。单击图像的缩览图，让图像显示在独立的对话框中，在图像下方的工具栏中单击“Remove background”按钮，如图 5-1 所示。稍等片刻，工具栏左侧会显示一个下拉列表框，在其中选择“No Background”选项，即可看到删除背景后的图像，如图 5-2 所示。单击工具栏中的“Download image”按钮，可将处理后的图像保存至本地硬盘。

图 5-1

图 5-2

> **提示**
>
> 在工具栏左侧的下拉列表框中选择“Original Image”选项，可以查看原始图像。

02 多种方式放大图像

在 Leonardo.Ai 中生成图像后，还可以对图像进行多种方式的放大，以提升图像的分辨率，使图像的尺寸更大、细节更清晰。

> **提示**
>
> 个别预训练模型生成的图像无法应用放大功能，如“Leonardo Vision XL”模型和“Leonardo Diffusion XL”模型。

下面以使用“3D Animation Style”模型生成的一张人物图像为例介绍具体操作。单击图像的缩览图，让图像显示在独立的对话框中，在图像下方的工具栏中有 4 个按钮，分别对应 4 种放大方式：

（1）**按钮**：代表 Creative Upscale（创意式放大），只有付费用户才能使用。它能在放大图像的同时提升图像质量，但可能使图像产生轻微的变化。

（2）**按钮**：代表 Alternative Upscale（替换式放大）。它能在保证细节的情况下放大图像。若发现按钮会导致图像细节丢失，可选择使用此按钮。

（3）**按钮**：代表 HD Smooth Upscale（高清平滑放大）。它适用于主体清晰、焦点突出的图像，但最终可能使细节变得更加平滑。

（4）**按钮**：代表 HD Crisp Upscale（高清锐利放大）。它能在放大图像时保留更多的细节，并使图像看起来更清晰。

这里单击按钮，如图 5-3 所示。稍等片刻，图像放大完毕，工具栏左侧会出现一个下拉列表框，其中显示了当前图像所应用的放大方式，如图 5-4 所示。

图 5-3

图 5-4

提示

如果要应用新的放大方式，需要先在工具栏左侧的下拉列表框中选择“Original Image”选项，切换显示原始图像，再在工具栏中单击要使用的放大方式按钮。

用工具栏中的“Download image”按钮下载原始图像和放大后的图像，将它们分别保存为“image_1.jpg”和“image_2.jpg”，如图5-5所示。可以看到“image_2.jpg”的文件大小和分辨率都明显更大。

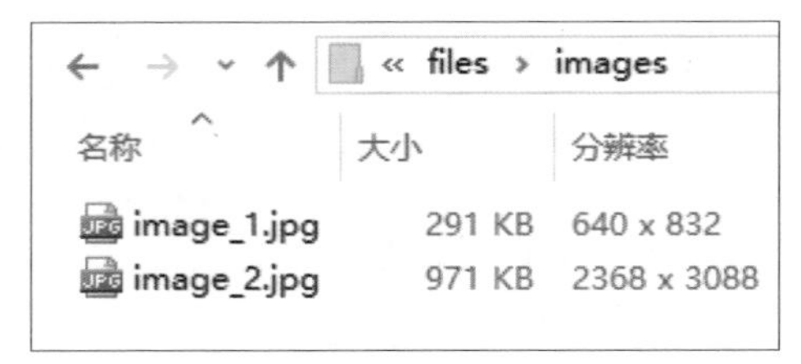

图5-5

用Photoshop打开两个文件并适当调整显示比例，可以更直观地对比放大前后的图像效果，如图5-6所示。

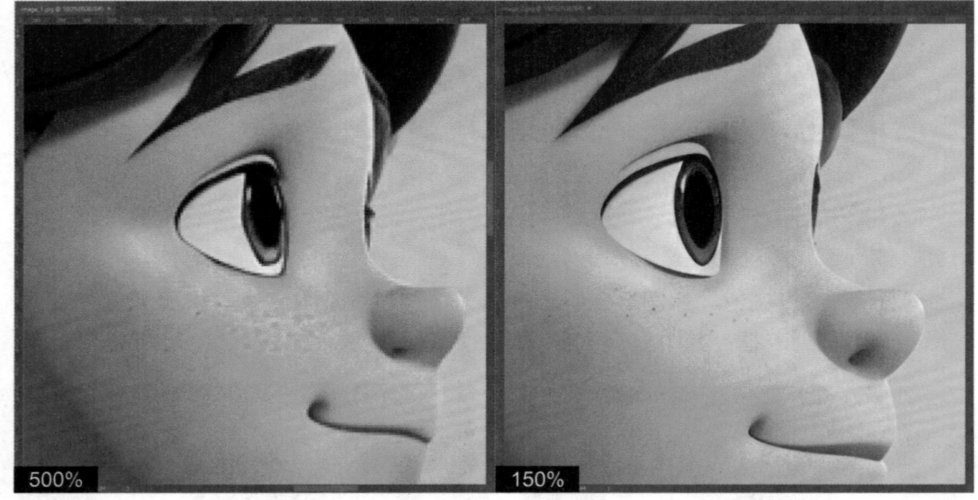

图5-6

03 智能扩展画面内容

Leonardo.Ai提供的智能画布（AI Canvas）功能让用户可以通过输入提示词来扩展现有画面并添加新的图像元素，从而丰富画面内容。不论是存储在本地硬盘中的图像，还是在Leonardo.Ai中创作的图像，都可以作为智能画布的编辑对象。下面以在Leonardo.Ai中创作的一张风景图像为例介绍具体操作。

登录Leonardo.Ai后，❶单击左侧边栏中的“Canvas Editor”链接，如图5-7

所示，进入“AI Canvas”页面，❷在页面左侧的工具栏中单击“Upload Image”按钮，❸在弹出的菜单中选择“From previous generations”选项，表示编辑自己创作的图像，如图 5-8 所示。

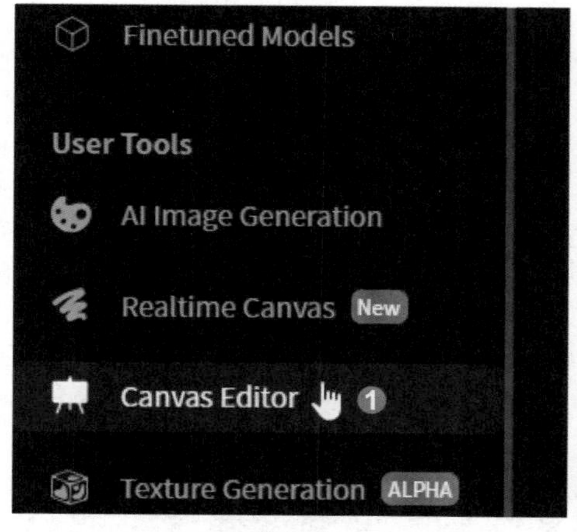

图 5-7

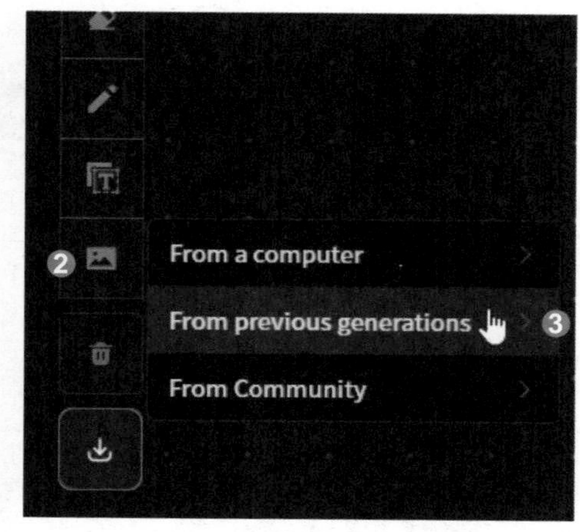

图 5-8

提 示

如果要编辑本地硬盘中的图像，选择“From a computer”选项；如果要编辑其他用户创作的图像，选择“From Community”选项。

弹出“Use image as input”对话框，在“Your Generations”选项卡下单击选择要处理的图像，如图 5-9 所示。

图 5-9

返回“AI Canvas”页面，可看到所选的图像和一个蓝紫色的编辑框（用于标记要处理的区域）。❶单击右上角的缩放按钮，❷在展开的列表中选择“50%”选项，调整图像的显示比例，以方便后续操作，❸在右侧工具面板的“Number of Images”选项组中设置每次生成的备选扩展图像数量为 4，如图 5-10 所示。

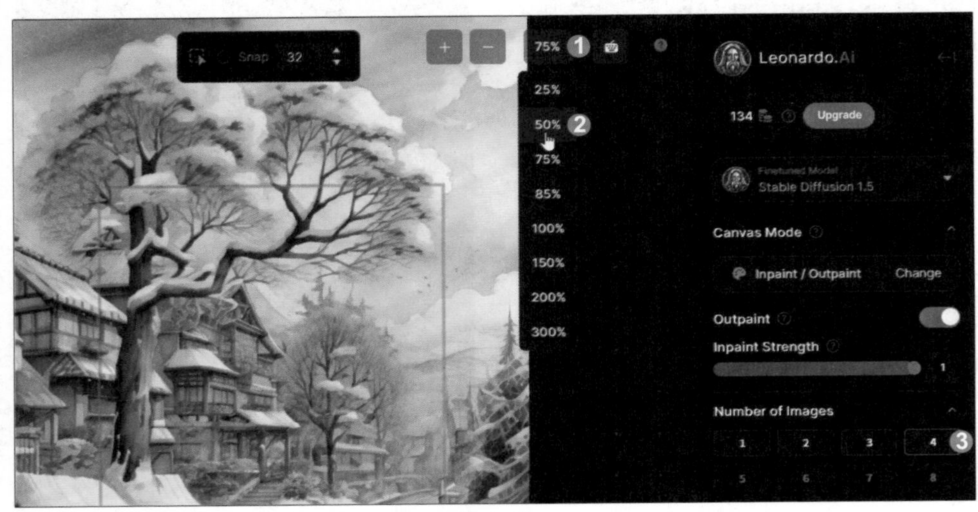

图 5-10

❶拖动右侧工具面板中的“W”滑块和“H”滑块，调整编辑框的宽度和高度，其中编辑框的高度应与原始图像的高度一致，在左侧的工具栏中单击“Select”按钮（选择工具），❷然后把编辑框拖动到原始图像的左侧，指定要扩展的区域，如图 5-11 所示。

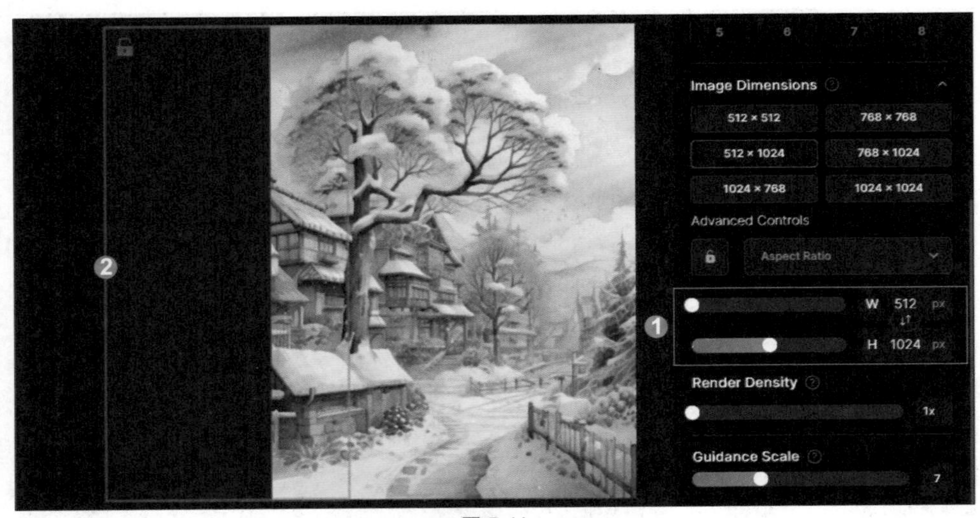

图 5-11

在页面下方的文本框中输入提示词“Winter, snow, colors realcartoon, watercolor”，描述扩展图像的内容，然后单击“Generate”按钮，如图 5-12 所示。

图 5-12

稍等片刻，编辑框中会出现根据提示词生成的扩展图像，如图 5-13 所示。利用编辑框下方工具栏中的 ← / → 按钮切换显示其他备选的扩展图像，从中挑选与原始图像融合得最自然的图像，单击“Accept”按钮，如图 5-14 所示。

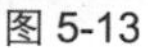

图 5-13

图 5-14

提 示

如果对所有备选的扩展图像都不满意，可以单击编辑框下方工具栏中的“Cancel”按钮来放弃这些图像，然后再次单击提示词右侧的“Generate”按钮来重新生成扩展图像，直至得到满意的效果为止。不过需要注意，每生成一次图像都会消耗一定数量的代币。

将编辑框拖动到原始图像的右侧，继续扩展右侧画面。为了获得更自然的扩展效果，建议使用相同的提示词，因此这里直接单击“Generate”按钮，如图 5-15 所示。待编辑框中出现扩展图像后，同样利用 ← / → 按钮浏览备选的扩展图像，从中挑选融合得最自然的图像，单击“Accept”按钮，如图 5-16 所示。

图 5-15

图 5-16

使用相同的方法继续扩展画面，最终效果如图 5-17 所示。完成操作后，单击左侧工具栏中的“Download Artwork”按钮，将编辑好的图像保存至本地硬盘。

图 5-17

提示

使用左侧工具栏中的“Pan”按钮（平移工具）可以移动并浏览整个画面，包括画布区域、图像、笔刷、遮罩等所有内容。

04 替换多余的物体

在智能画布中，提示词生成的图像除了能用来扩展画面，还能用来替换画面中的物体。下面以存储在本地硬盘中的一张商品图像为例介绍具体操作。

❶单击页面左侧工具栏中的“Upload Image”按钮，❷在弹出的菜单中选择“From a computer”选项，如图 5-18 所示。❸在弹出的“打开”对话框中选择要处理的图像，❹单击“打开”按钮，上传图像，如图 5-19 所示。

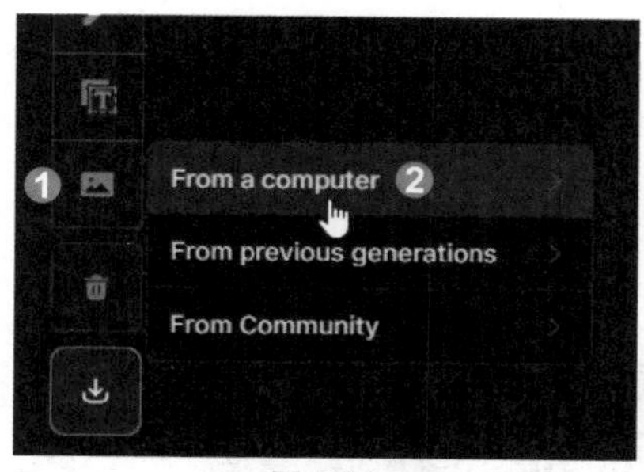

图 5-18

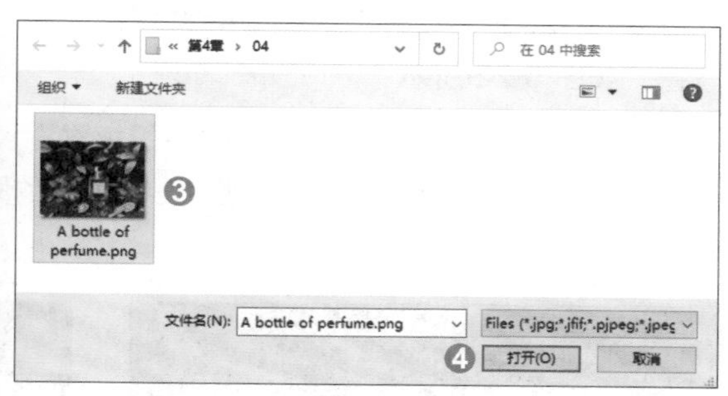

图 5-19

利用右侧工具面板中的“W”滑块和“H”滑块调整编辑框的尺寸，利用左侧工具栏中的“Select”按钮（选择工具）移动编辑框，框选要处理的画面区域，如图 5-20 所示。

图 5-20

❶单击左侧工具栏中的“Draw Mask”按钮（遮罩工具），❷拖动图像上方的滑块，设置遮罩笔刷的大小，❸在需要替换的物体上涂抹，如图 5-21 所示。

图 5-21

在页面下方的文本框中输入提示词，描述用于替换原有物体的新物体。这里要将水果替换为绿色植物，所以输入“green plant”，然后单击“Generate”按钮，如图 5-22 所示。

图 5-22

待编辑框中出现根据提示词生成的植物图像后，利用下方工具栏中的 / 按钮浏览备选的图像，从中挑选融合得最自然的图像，单击“Accept”按钮，如图 5-23 所示。

图 5-23

单击左侧工具栏中的“Select”按钮 （选择工具），然后在超出编辑框边缘的遮罩上单击，选中遮罩，如图 5-24 所示。按〈Delete〉键删除遮罩。

图 5-24

提示

用“选择工具”选中遮罩后，还可以移动或缩放遮罩。

删除遮罩后，单击左侧工具栏中的“Download Artwork”按钮 ，下载并保存编辑后的图像。原始图像和编辑后的图像分别如图 5-25 和图 5-26 所示。

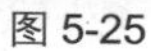

图 5-25

图 5-26

05 替换人物的表情

借助智能画布还可以改变图像中人物的面部表情，让人物表达新的情绪。下面以存储在本地硬盘中的一张人物像为例介绍具体操作。

❶单击页面左侧工具栏中的“Upload Image”按钮，❷在弹出的菜单中选择“From a computer”选项，如图 5-27 所示。❸在弹出的“打开”对话框中选择要处理的图像，❹单击“打开”按钮，上传图像，如图 5-28 所示。

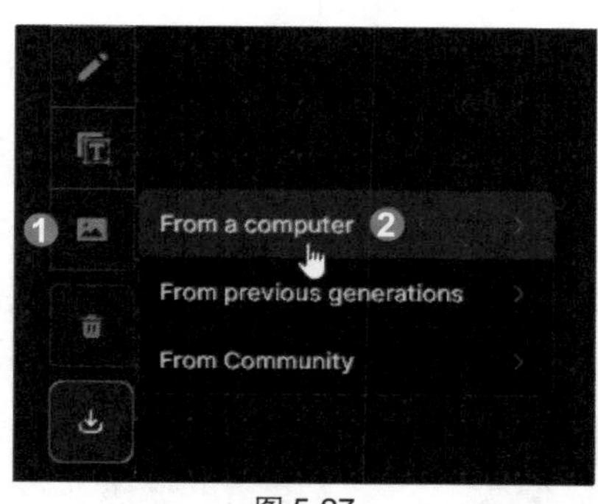

图 5-27

图 5-28

利用右上角的缩放按钮将图像的显示比例调整至 100%，利用右侧工具面板中的“W”滑块和“H”滑块调整编辑框的尺寸，利用左侧工具栏中的“Select”按钮（选择工具）移动编辑框，框选人物的面部。

❶单击左侧工具栏中的“Draw Mask”按钮（遮罩工具），❷拖动图像上方的滑块，设置遮罩笔刷的大小，❸在人物的嘴唇位置涂抹，指定要修改的区域，如图 5-29 所示。

图 5-29

在页面下方的文本框中输入描述表情的提示词，如“smile”，然后单击“Generate”按钮，如图 5-30 所示。

图 5-30

待编辑框中出现根据提示词生成的图像后，利用下方工具栏中的←/→按钮浏览备选的图像，从中挑选效果最自然的图像，单击“Accept”按钮，如图 5-31 所示。

图 5-31

单击左侧工具栏中的“Download Artwork”按钮，下载并保存编辑后的图像。原始图像和编辑后的图像分别如图 5-32 和图 5-33 所示，可以看到人物的表情由严肃变为微笑。

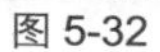

图 5-32

图 5-33

第 6 章　Midjourney 基础入门

Midjourney 是目前市场上最成熟、最受欢迎的 AI 绘画工具之一。Midjourney 拥有出色的“以文生图”和“以图生图”功能，且易于操作，毫无绘画基础的用户也能快速创作出高质量的商业级图像。本章就从搭建创作环境等基本操作入手，带领读者快速入门 Midjourney。

01 搭建创作环境

Midjourney 目前主要通过运行在社交平台 Discord 上的聊天机器人 Midjourney Bot 提供服务。如果在官方开设的公共聊天频道中创作，会受到其他用户的干扰，因此，建议搭建一个专属于自己的创作环境，主要步骤是先创建个人服务器，再将 Midjourney Bot 添加到服务器中。

◆ 创建个人服务器

打开 Discord 客户端或网页版，注册并登录账号，❶单击左侧菜单栏中的“添加服务器”按钮，如图 6-1 所示，❷在弹出的对话框中单击“亲自创建”按钮，如图 6-2 所示。

图 6-1

图 6-2

❶单击“仅供我和我的朋友使用”按钮，如图 6-3 所示，❷然后输入服务器名称，❸单击“创建”按钮，完成服务器的创建，如图 6-4 所示。

图 6-3

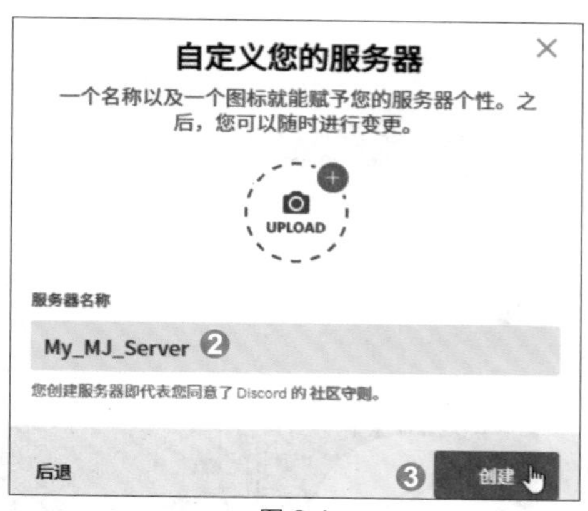

图 6-4

成功创建个人服务器后，自动进入个人服务器的界面。❶界面左上角会显示个人服务器的名称，❷在右边的成员名单中，目前只有自己一个成员，如图 6-5 所示。

图 6-5

◆ 在个人服务器中添加 Midjourney Bot

个人服务器创建完成后，还需要将 Midjourney Bot 添加到个人服务器中。

❶单击界面左上角的个人服务器名称，❷在展开的列表中选择“App 目录”选项，如图 6-6 所示，❸在 App 目录页面的搜索框中输入“Midjourney Bot”，如图 6-7 所示，按〈Enter〉键进行搜索。

图 6-6

图 6-7

❶在搜索结果列表中勾选 Midjourney Bot，如图 6-8 所示，❷在打开的详情页面中单击“添加至服务器”按钮，如图 6-9 所示。

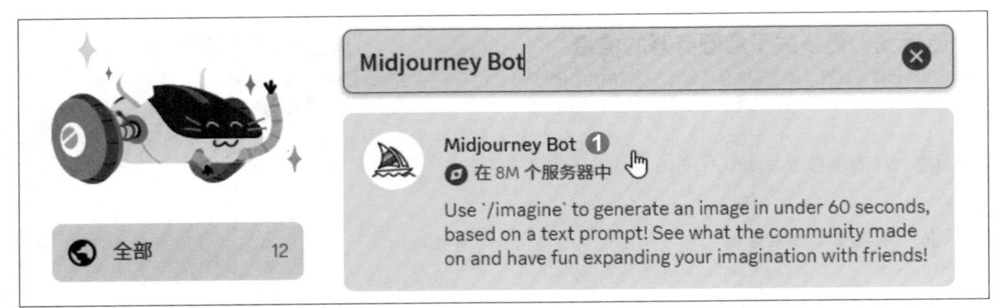

图 6-8

图 6-9

❶在弹出的对话框中选择之前创建的个人服务器，❷单击“继续”按钮，如图 6-10 所示，❸在确认权限的界面中单击“授权”按钮，如图 6-11 所示。

图 6-10

图 6-11

❶在弹出的对话框中勾选“我是人类”复选框，如图 6-12 所示，❷根据提示信息进行图像验证，如图 6-13 所示。

图 6-12

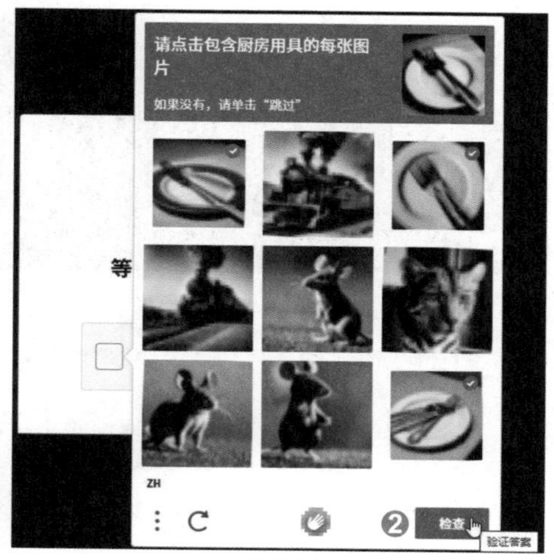

图 6-13

验证成功后，可以在个人服务器界面右侧的成员名单中看到 Midjourney Bot，如图 6-14 所示。随后就可以通过向 Midjourney Bot 发送命令来生成图像了。

图 6-14

02 用“/imagine”命令生成图像

使用 Midjourney Bot 时，主要通过“/imagine”命令和提示词来生成图像。

进入个人服务器，在页面底部的聊天框中输入命令。❶先输入“/”来呼出 Midjourney Bot 的命令提示列表，❷然后在列表中选择“/imagine”命令，如图 6-15 所示。

图 6-15

接下来在“prompt”后输入提示词。需要注意确保插入点在“prompt”后的文本框内才能开始输入，否则将出现异常提醒。这里输入的提示词是“A boy rode his bike past the yellow flower fields in the village, Pixar, 3D style”（一个男孩骑着自行车经过村庄里的黄色花田，皮克斯工作室的 3D 风格），如图 6-16 所示。

图 6-16

提示

Midjourney Bot 在解析提示词时不会考虑字母的大小写。

按〈Enter〉键发送命令，此时会看到“Waiting to start”（等待开始）的提示，如图 6-17 所示。这表示 Midjourney 已将用户发送的命令放入队列，并分配了相应的计算资源，准备生成图像。此外，还可以看到 Midjourney 在提示词的末尾自动添加了一些默认的后缀参数，用户也可根据需求手动添加后缀参数，相关知识将在第 7 章详细介绍。

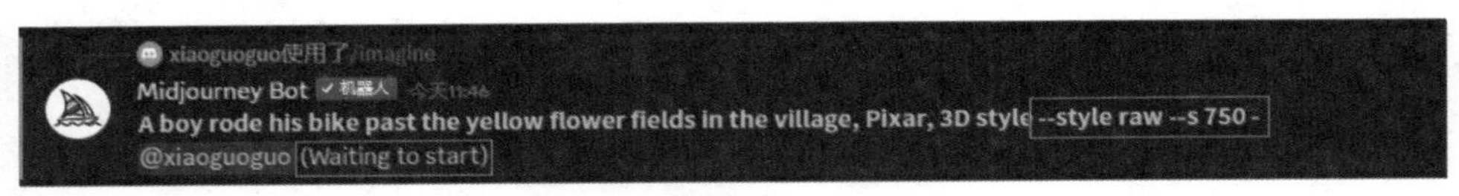

图 6-17

稍等片刻，将会以“四宫格”的形式显示生成的 4 张图像。如果对生成的图像不满意，可以单击图像下方的“重做”按钮，如图 6-18 所示，按照原始提示词生成一组新的图像，如图 6-19 所示。可以反复尝试，直至得到满意的作品为止。

图 6-18

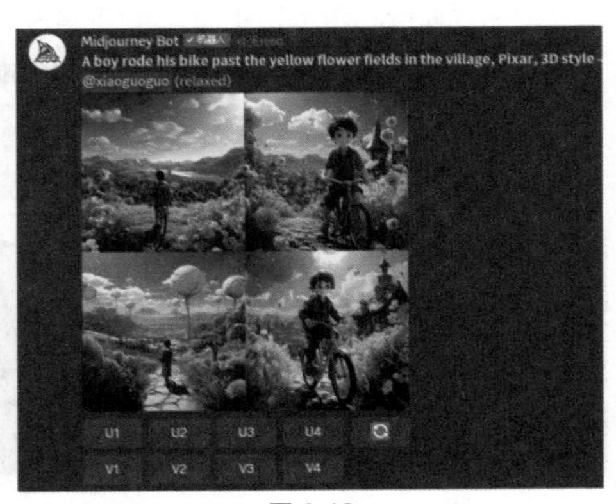

图 6-19

03 用权重切分符“::”控制文本权重

在 Midjourney 的提示词中可使用权重切分符“::”（两个英文冒号，中间没有空格）分隔文本，以便为不同的元素分配不同的权重，从而控制生成图像的效果。

在图 6-20 所示的案例中，提示词“ice cream”被视为一个完整的概念，因此生成的是冰激凌的图像。在图 6-21 所示的案例中，“ice”和“cream”被权重切分符“::”分开，那么在生成图像时这两个单词会被视为两个独立的概念并被赋予相同的权重，最终得到同时表现了“冰”和“奶油”两种元素的图像。

ice cream

图 6-20

ice:: cream

图 6-21

使用权重切分符“::”将提示词切分成不同部分后，各部分文本默认拥有相同的权重，可在权重切分符“::”后用数字来指定权重值。权重值决定了 Midjourney 在生成图像时对相应文本的重视程度，权重值越高的文本越受重视，生成的图像更可能包含该文本所描述的内容。

在图 6-22 所示的案例中，提示词“ice::2 cream”表示“ice”的重要性是“cream”的两倍，因此，生成的图像更加注重表现“冰”这一元素。

ice::2 cream

图 6-22

提示

权重值是一个相对值。例如，“ice:: cream”“ice::1 cream”“ice:: cream::1”“ice::2 cream::2”“ice::100 cream::100”是等价的，“ice::2 cream”“ice::4 cream::2”“ice::100 cream::50”也是等价的。

在一段提示词中可以应用多个权重切分符“::”，并通过合理分配不同的权重值，更精细地调控图像的关键细节，以获得所需的视觉效果。

在图 6-23 所示的案例中，提示词表示绘制一位身处冬日仙境的美丽女孩，周围是冰雕树木和皑皑白雪，一切都在冬日明媚的阳光下闪闪发光，生成的图像中人物形象不够突出。图 6-24 所示的案例用权重切分符“::”将提示词切分成多个部分，并为描述人物的文本分配了较大的权重值，在生成的图像中，环境部分被弱化，人物形象更加突出。

A beautiful girl in a winter wonderland, surrounded by trees sculpted in ice and covered in white snow, everything shimmering in the bright winter sunlight. --niji 5 --style scenic

图 6-23

A beautiful girl in a winter wonderland, ::8 surrounded by trees sculpted in ice and covered in white snow, :: everything shimmering in the bright winter sunlight. :: --niji 5 --style scenic

图 6-24

04 对单张图像进行放大重绘

用 Midjourney 生成一组图像后，在图像下方会显示“U1”～“U4”和“V1”～“V4”两组按钮，数字 1～4 是图像的编号，分别对应左上、右上、左下、右下 4

个位置的图像。本节先介绍“U1”～“U4”按钮，“V1”～“V4”按钮将在 08 节介绍。

“U1”～“U4”按钮中的 U 代表放大重绘（Upscale），意思是增大图像的尺寸并填充更多细节。当我们从生成的 4 张图像中挑选出满意的图像之后，可以单击下方对应的 U 按钮，对该图像进行放大重绘。

例如，使用如下提示词生成一组在树林中快乐玩耍的小松鼠的图像。

> photo film, very hd, realistic, fantasy, draw, for kids, playful squirrel in woods, happy

生成初始的“四宫格”图像后，单击下方的“U2”按钮，对右上角的图像进行放大重绘，如图 6-25 所示。得到的图像如图 6-26 所示。需要注意的是，放大重绘功能并不是单纯地把图像从 512 像素 ×512 像素放大到 1024 像素 ×1024 像素，而是相当于重新“以图生图”，因此，放大重绘后的图像与原始图像在细节上可能有一些不同。

图 6-25

图 6-26

05 创建放大后图像的变体

放大后图像下方的“Vary（Strong）”和“Vary（Subtle）”按钮用于创建放大后图像的变体。需要注意的是，这一功能只在 Midjourney V5.2 和 Niji V5 版本的模型上可用。

例如，使用如下提示词绘制生长在山间岩石上的两朵鲜花，并从生成的4张图像中选择一张进行放大重绘，得到的图像如图6-27所示。

> two flowers growing on some rocks through the mountain, in the style of photo-realistic techniques, yellow and orange, animated gifs, photo-realistic landscapes, precise and sharp, tinycore, captivating

图 6-27

在放大重绘后的图像下方单击“Vary（Strong）”按钮，表示以高变化模式生成一组与原始图像差异较大的新图像，新图像可能更改原始图像的构图、元素数量、颜色等，效果如图6-28所示。高变化模式对于基于单张图像创建多个概念非常有用。单击“Vary（Subtle）”按钮，表示以低变化模式生成一组与原始图像保持高度一致的新图像，新图像只会对原始图像的细节进行轻微的调整，效果如图6-29所示。

图 6-28

图 6-29

提示

“Vary（Subtle）”按钮右侧的“Vary（Region）”按钮用于对图像进行局部重绘，具体的操作方法会在第8章08节详细介绍。

06 对放大后的图像进行变焦式扩展

放大后图像下方的“Zoom Out 2x”“Zoom Out 1.5x”“Custom Zoom”按钮用于以类似相机变焦的方式扩展画面的内容。

例如，使用如下提示词绘制一个身穿白色夹克的年轻男子，并从生成的4张图像中选择一张进行放大重绘，得到的图像如图6-30所示。

> a young guy is on the street in a white jacket, in the style of kawaii aesthetic, light silver and red, large-scale minimalist, havencore, dark gray and light gray, mote kei, ue5

图 6-30

然后单击“Zoom Out 2x”或“Zoom Out 1.5x”按钮扩展画面内容。这两个按钮的功能相似，只是缩放比率不同。以“Zoom Out 2x”按钮为例，它相当于将原始图像缩小至原来的50%，并根据提示词和原始图像在画布的空白区域中自动填充内容，如图6-31所示。

图 6-31

单击“Zoom Out 2x”或“Zoom Out 1.5x”按钮后会生成4张图像，用户可以利用“U1”～“U4”按钮对其中一张图像进行放大重绘，然后再次利用“Zoom Out 2x”或“Zoom Out 1.5x”按钮扩展画面内容。重复这一系列操作，可以得到更广阔的画面。图6-32和图6-33所示分别为应用2次和3次“Zoom Out 2x”按钮后得到的图像，可以看到，画面由近景转为远景，呈现出更广阔的视野，周边环境中的更多细节和元素也得以展现。

图 6-32

图 6-33

“Custom Zoom”按钮允许用户自定义生成图像的宽高比和扩展缩放的比率（1～2 之间）。单击此按钮，将弹出一个对话框，在提示词末尾输入生成图像的宽高比及扩展缩放的比率，如“--ar 9:16 --zoom 1.2”，如图 6-34 所示。提交后生成的图像如图 6-35 所示。

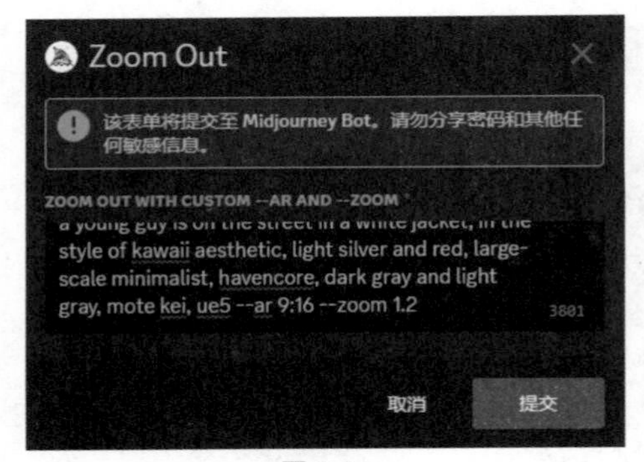

图 6-34

图 6-35

07 对放大后的图像进行平移式扩展

放大后图像下方的←、→、↑、↓按钮用于以类似平移相机镜头的方式扩展画面的内容。

例如，使用如下提示词绘制一座中国小镇的夜景，并从生成的 4 张图像中选择一张进行放大重绘，得到的图像如图 6-36 所示。

> Chinese town at night with moonlight, in the style of artgerm, traditional techniques reimagined, nightcore, edo art

然后分别单击放大后图像下方的⬅、➡、⬆、⬇按钮，在不同的方向上对画面进行一次平移式扩展，效果如图 6-37 ～图 6-40 所示。扩展过程中会根据提示词和离原始图像边缘最近的 512 个像素生成新内容，用于填充扩展出的新画面。

图 6-36

图 6-37

图 6-38

图 6-39

图 6-40

平移式扩展可以进行多次。但要注意的是，一张图像经历过一次平移式扩展后，其后续的平移式扩展只能在相同的水平方向或垂直方向上进行。也就是说，进行过向左或向右平移的图像，只能继续在水平方向上进行平移；进行过向上或向下平移的图像，只能继续在垂直方向上进行平移。

如图 6-41 所示，在向左平移一次后的图像下方单击“U1”～“U4”按钮中的某个按钮，再次放大图像。如图 6-42 所示，放大后的图像下方只显示和按钮，说明只能在水平方向上继续平移，这里单击按钮，继续向左平移。

图 6-41

图 6-42

重复上述操作，在水平方向上进行多次平移，可以得到图 6-43 所示的全景图效果。

图 6-43

提 示

平移式扩展适用于 Midjourney V5.0、V5.1、V5.2 及 Niji V5 版本的模型。对图像多次进行平移式扩展后，图像的尺寸可能增大至无法通过 Discord 直接发送的地步，此时平台会以链接的形式发送图像。

08 生成单张图像的变体

04 节介绍了“U1”～“U4”按钮，本节继续介绍“V1”～“V4”按钮。“V1”～“V4”按钮中的 V 代表变体（Variations），即以序号对应的图像为基础，在保持整体风格和构图基本不变的情况下生成 4 张新图像。

例如，使用如下提示词绘制一辆停在建筑物前的汽车，配色以浅橙色和青色为主，极简主义风格。

> A car parked in front of a building, light orange and cyan, minimalist style

生成的 4 张图像如图 6-44 所示。这里假设想以左下角的图像为基础生成变体图像，故单击下方的“V3”按钮，生成的 4 张变体图像如图 6-45 所示，可以看到变体图像的风格、配色和构图均与所选的原始图像非常相似。变体图像下方同样会显示“V1”～“V4”按钮，可以继续使用这些按钮生成新的变体图像，直至得到满意的作品为止。

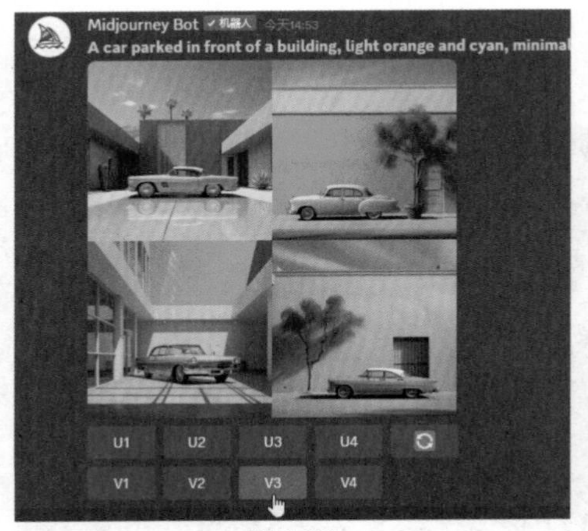

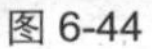
图 6-44

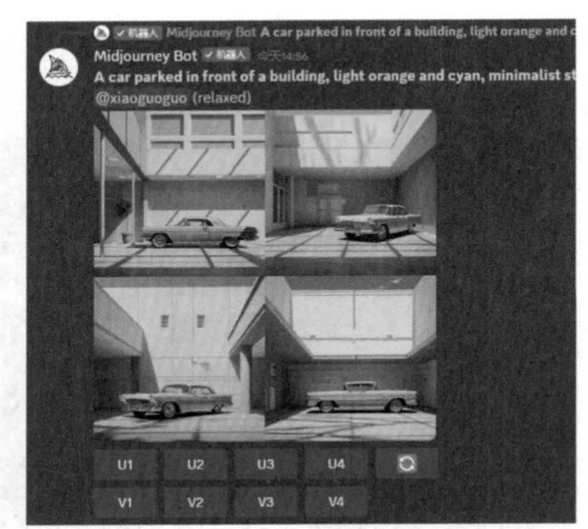

图 6-45

09 保存生成的图像

单击图像缩览图，如图 6-46 所示，放大显示图像，然后单击图像左下角的“在浏览器中打开”链接，如图 6-47 所示。

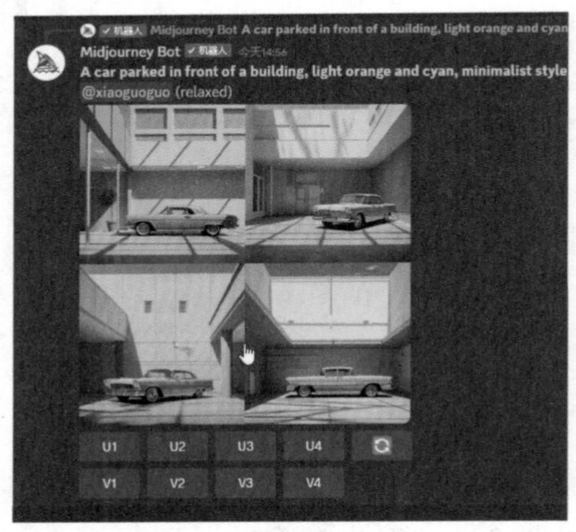

图 6-46

图 6-47

随后会在默认浏览器中打开图像，可以单击图像，对图像进行放大或缩小，以便更仔细地观察图像。如果对图像感到满意，可以用鼠标右键单击图像，在弹出的快捷菜单中选择“图片另存为”命令，如图 6-48 所示。在弹出的“另存为”对话框中指定图像的保存位置并输入文件名，然后单击“保存”按钮，即可保存图像，保存效果如图 6-49 所示。

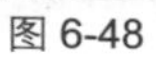
图 6-48

图 6-49

提 示

如果只想保存 4 张图像中的一张，需要先单击图像下方对应的 U 按钮，对图像进行放大重绘，然后通过浏览器打开并保存图像。如果使用的是网页版 Midjourney，也可以在放大图像后用鼠标右键单击图像，在弹出的快捷菜单中选择“图片另存为”命令，然后按照提示将图像保存到本地硬盘。

第 7 章 Midjourney 的参数设置

用 Midjourney 生成图像时，除了通过提示词描述图像的内容和风格，还可以通过设置参数精确地控制图像的宽高比、风格化程度、完成度等。Midjourney 主要提供两种参数设置方式：第 1 种方式是通过执行“/settings”命令，以可视化的方式设置全局参数；第 2 种方式是通过在提示词的末尾添加后缀参数，为单个图像生成任务设置个性化参数。

01 用“/settings”命令设置全局参数

Midjourney 提供的“/settings”命令用于设置全局参数。进入 Discord 的个人服务器，在聊天框中输入“/settings”命令，如图 7-1 所示。

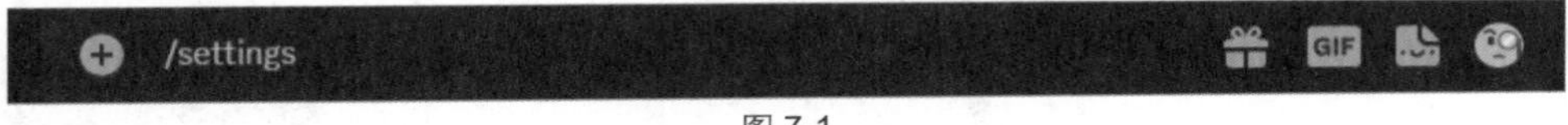

图 7-1

输入命令后按〈Enter〉键发送，会显示图 7-2 所示的配置界面，用户可以使用界面中的下拉列表框和按钮对模型版本、图像质量、生成速度等全局参数进行设置。

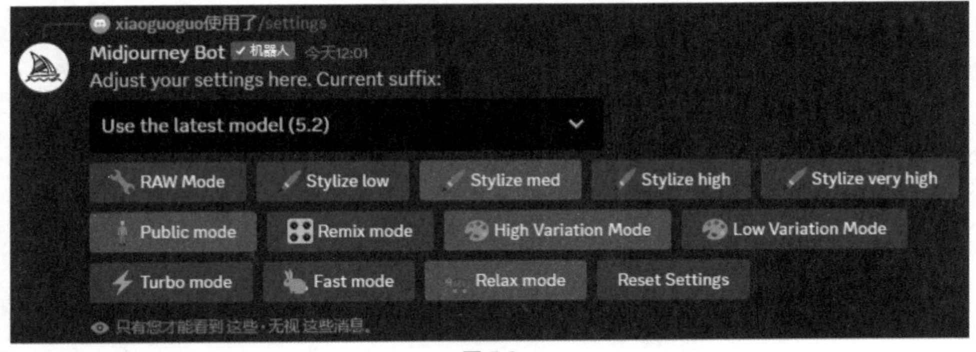

图 7-2

◆ 模型版本

Midjourney 会定期发布新版本的模型，并以最新模型作为默认模型。在配置界面的下拉列表框中可以选择模型版本，如图 7-3 所示。总结来说，模型分为 Midjourney 模型和 Niji 模型两大类，每类模型根据发布时间又分为多个版本。

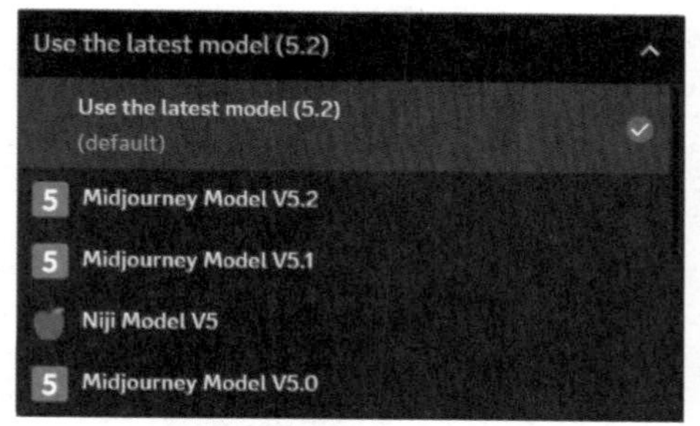

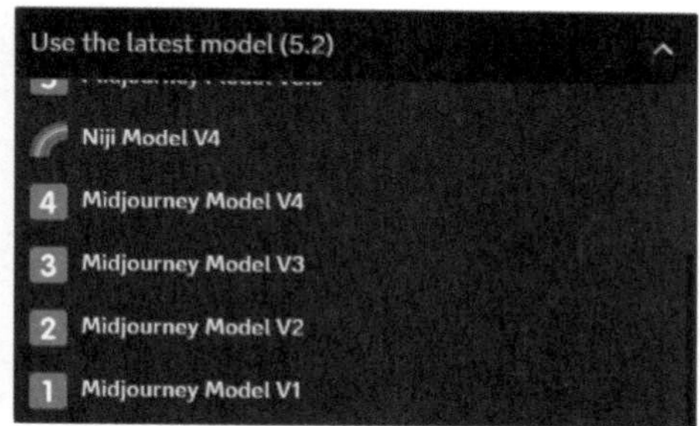

图 7-3

（1）Midjourney 模型：V1 ～ V3 是早期版本，生成的图像比较粗糙，已经很少使用，目前最常用的是 V4 和 V5 版本。V4 版本比较稳定且富有创造力，其生成的图像偏向写实风格。V5 为最新版本，又细分为 V5.0、V5.1、V5.2。与 V4 相比，V5 涉及的风格范围更广泛，生成的图像更精致和真实，更贴近风格关键字。此外，由于在训练时使用了更多的人像素材，V5 的人像绘画效果有较大提升。

使用如下提示词，并分别选择 V4、V5.0、V5.1、V5.2 版本的 Midjourney 模型，生成的图像如图 7-4 ～图 7-7 所示。

> A beautiful woman, in the style of ethereal seascapes, azure, elegant realism, seaside vistas, white and cyan

图 7-4　图 7-5

图 7-6　图 7-7

（2）**Niji 模型**：Niji 模型专注于生成动漫风格的图像，目前有 V4 和 V5 两个版本。使用前面的提示词，并分别选择 V4 和 V5 版本的 Niji 模型，生成的图像如图 7-8 和图 7-9 所示。可看到相较于 V4，V5 在角色造型和美术效果上都有很大提升。

图 7-8

图 7-9

◆ 原始模式

配置界面中的“RAW Mode”按钮用于启用 / 禁用原始模式，目前只有 V5.1 和 V5.2 版本的 Midjourney 模型支持该模式。启用原始模式后，Midjourney 将减少对图像的“美化”处理，让图像更忠实于提示词的描述。因此，已经能熟练编写提示词并希望对图像进行更多控制的用户可能会喜欢原始模式。使用前面的提示词，选择 V5.2 版本的 Midjourney 模型，并分别禁用和启用原始模式，生成的图像如图 7-10 和图 7-11 所示。

图 7-10

图 7-11

◆ 艺术化程度

配置界面中的“Stylize low”～“Stylize very high”这 4 个按钮用于设置图像的艺术化程度。艺术化程度越高，生成的图像艺术表现力越强，但与提示词的匹配程度就越低，图像中越可能出现提示词中未提及的元素。

（1）**Stylize low**（**低艺术化**）：生成的图像尽可能符合提示词的描述，减少添加 AI 的艺术创造性。

（2）**Stylize med**（**中等艺术化**）：为默认设置，生成的图像符合提示词的描述，并部分添加 AI 的艺术创造性。

（3）**Stylize high**（**高艺术化**）：生成的图像符合提示词的描述，并添加 AI 的艺术创造性。

（4）**Stylize very high**（**极高艺术化**）：生成的图像少部分符合提示词的描述，并大幅添加 AI 的艺术创造性。

一般情况下，选择“Stylize med”和“Stylize high”按钮较为合适。

使用前面的提示词，并分别选择上述 4 种艺术化程度，生成的图像如图 7-12 ～图 7-15 所示。

图 7-12　图 7-13

图 7-14　图 7-15

◆ 作品展示模式

配置界面中的“Public mode”按钮用于在公共模式（Public mode）和隐身模

式（Stealth mode）这两种作品展示模式之间切换。该按钮为绿色时表示当前处于公共模式，为灰色时表示当前处于隐身模式。

公共模式为默认模式，表示将用户的作品及相关提示词公开展示在 Midjourney 网站的画廊中，供其他用户查看和使用。隐身模式仅对订阅了 Pro 和 Mega 套餐的用户开放，其功能与公共模式完全相反，以保护用户作品的独创性和隐私权。

◆ 微调模式

配置界面中的“Remix mode”按钮用于启用 / 禁用微调模式。启用该模式后，使用图像下方的“V1”～“V4”按钮生成图像的变体时，会弹出一个对话框供用户修改提示词和参数，变体图像的生成将在保留原始图像的总体构图的基础上按照修改后的提示词和参数进行。第 8 章 07 节会详细讲解微调模式。

◆ 变化程度

配置界面中的“High Variation Mode”（高变化模式）按钮和“Low Variation Mode”（低变化模式）按钮用于控制使用“V1”～“V4”按钮生成的变体图像的变化程度。高变化模式下生成的变体图像与原始图像差异较大，低变化模式下生成的变体图像与原始图像保持高度一致。以图 7-14 为基础图像，选择高变化模式生成的变体图像如图 7-16 所示，选择低变化模式生成的变体图像如图 7-17 所示。

图 7-16

图 7-17

◆ 生成速度

配置界面中的“Turbo mode”“Fast mode”“Relax mode”这 3 个按钮用于设置图像的生成速度。

（1）Turbo mode（急速模式）：仅适用于 V5.0、V5.1、V5.2 版本的模型。使用高速实验性 GPU，最多可以将速度提高至快速模式的 4 倍，消耗的订购套餐中的 GPU 分钟数（会员时长）是快速模式的两倍。选择了急速模式后，如果 GPU 不可用或者所选的模型版本与该模式不兼容，则将在快速模式下生成图像。

（2）**Fast mode（快速模式）**：可以快速生成图像，但会消耗订购套餐中的 GPU 分钟数。一旦 GPU 分钟数用完，就需要再进行购买。

（3）**Relax mode（放松模式）**：放松模式是默认模式，该模式不会消耗 GPU 分钟数，但需要排队等待 GPU 处理。

> **提示**
>
> 如果只想为单个图像生成任务指定生成速度，不需要更改全局参数，只需要在提示词后加上参数“--turbo”“--fast”或“--relax”。

02 提示词后缀参数的编写格式

使用“/settings”命令设置的全局参数将作为所有图像生成任务的默认设置。如果想要更加灵活地控制单个图像生成任务，就需要使用后缀参数。顾名思义，后缀参数只能添加在提示词之后，图 7-18 中的“--ar 3:2 --v 5”就是后缀参数，其中，“--ar 3:2”表示将图像的宽高比设置为 3∶2，“--v 5”表示选择 V5.0 版本的模型。

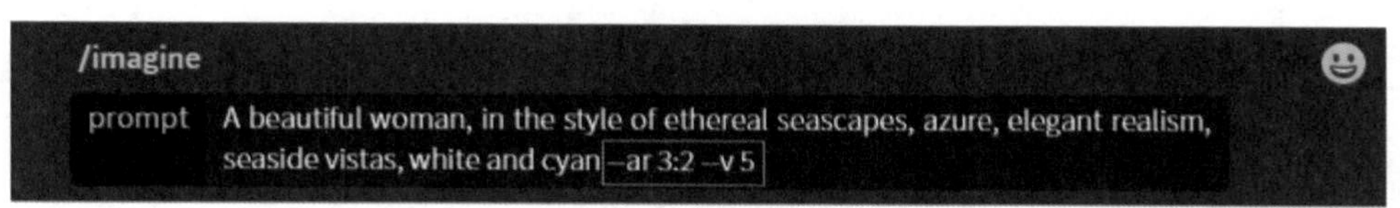

图 7-18

后缀参数的编写格式有如下规定。

- 提示词和后缀参数之间需要用一个英文空格进行分隔。
- 单个后缀参数的格式为“--参数名 参数值”。其中，引导符“--”和参数名之间没有其他字符，参数名和参数值之间则需要用一个英文空格进行分隔。
- 参数名使用小写字母。部分参数名有全称和简写两种形式，全称便于理解，简写便于输入，用户可以根据自己的喜好来选择。
- 后缀参数可以有多个，不同的后缀参数之间需要用一个英文空格进行分隔。

03 模型版本参数：--version（--v）和 --niji

在“/settings”命令打开的配置界面中可使用下拉列表框选择模型版本，如果要在单个图像生成任务中指定模型版本，则可使用参数 --version（简写形式为 --v）和 --niji。其中，参数 --version（--v）用于指定 Midjourney 模型的版本，参数 --niji 用于指定 Niji 模型的版本，常用的参数值详见表 7-1。

表 7-1

模型类型	Midjourney				Niji	
模型版本	V4	V5.0	V5.1	V5.2	V4	V5
参数值	4	5	5.1	5.2	4	5
默认值	5.2				5	

如下所示的两条提示词分别表示使用 Midjourney 模型的 V4 版本和 Niji 模型的 V5 版本生成图像。不同版本模型的生成效果在本章 01 节中已经介绍过，此处不再重复展示，读者也可在实践中自行体验。

> A cute luxury castle, clay material, blind box style --v 4

> A cute luxury castle, clay material, blind box style --niji 5

04 图像宽高比参数：--aspect（--ar）

使用参数 --aspect（简写形式为 --ar）可以为图像设置合适的宽高比，这样在后期处理时就不需要再进行裁剪等烦琐的操作。

参数值的格式为用英文冒号分隔的两个整数，如 16:9、3:4。不可使用小数，如 0.75:1，否则会报错。默认值为 1:1，即正方形的图像。不同版本的模型支持的宽高比参数值范围不同，常用模型版本的参数值设置见表 7-2。

表 7-2

模型类型	Midjourney				Niji	
模型版本	V4	V5.0	V5.1	V5.2	V4	V5
参数值	1:2 ～ 2:1	任意值			1:2 ～ 2:1	任意值

注：①小于 1:2 和大于 2:1 的参数值是实验性的，可能产生意想不到的结果。

②在图像生成或放大重绘的过程中，最终输出图像的宽高比可能会略有变化。例如，使用参数值 16:9（约 1.78）可能创建宽高比为 7∶4（1.75）的图像。

设置宽高比参数值时要考虑图像的应用场景。例如，5:4 通常用于相框和印刷，3:2 常用于平面摄影，7:4 则更适用于高清电视屏幕和智能手机屏幕。设置宽高比参数值时还要考虑图像的内容，例如，游戏角色的全身立绘适合用竖幅的宽高比参数值，宏大的游戏场景则适合用横幅的宽高比参数值。

宽高比参数值不仅会影响图像的尺寸，而且会影响图像的构图。图 7-19 和图 7-20 所示的两个案例对相同的提示词分别应用了 3:2（横幅）和 2:3（竖幅）的宽高比参数值，图像中的树枝也顺应宽高比分别采用了从左向右和从下向上的走势。

A naturalist illustration of a bird perching on a blueberry branch --ar 3:2

图 7-19

A naturalist illustration of a bird perching on a blueberry branch --ar 2:3

图 7-20

> **提示**
>
> 如果要更改已生成图像的宽高比，可以先对图像进行放大重绘（详见第 6 章 04 节），再对图像进行变焦式扩展（详见第 6 章 06 节）。

05 美学效果参数：--style

参数 --style 用于控制模型的美学效果，参数值的设置见表 7-3。需要注意的是，目前只有 Midjourney 模型的 V5.1 和 V5.2 版本、Niji 模型的 V5 版本支持此参数。

表 7-3

模型类型	Midjourney		Niji			
模型版本	V5.1	V5.2	V5			
参数值	raw		cute	scenic	original	expressive

对 Midjourney 模型应用参数“--style raw”相当于使用配置界面中的“RAW Mode”按钮启用了原始模式，相应的图像效果在本章 01 节中已经展示过，这里不再重复。参数 --style 在 Niji 模型中的应用效果比较丰富，将在第 8 章的 06 节详细讲解。

06 艺术化程度参数：--stylize（--s）

参数 --stylize（简写形式为 --s）用于控制图像的艺术化程度，其功能与配置界面中的“Stylize low”等 4 个按钮相同，不同之处在于，该参数可以用数字实现更精确的控制。参数值为整数，值越大，图像的艺术化程度越高。常用模型版本的参数值设置见表 7-4。

表 7-4

模型类型	Midjourney				Niji	
模型版本	V4	V5.0	V5.1	V5.2	V4	V5
参数值	0～1000				不支持	0～1000
默认值	100				不支持	100

注：①配置界面中的“Stylize low”“Stylize med”“Stylize high”“Stylize very high”这 4 个按钮对应的参数值分别为 50、100、250、750。

② Midjourney 模型的 V5.2 版本对不同的艺术化程度参数值更加敏感。如果在之前的版本中使用过很大的艺术化程度参数值，在此版本中可能需要进行调整。建议将参数值减小为之前的 20%，例如，如果之前使用的是“--s 1000 --v 5.1”，那么可以尝试使用“--s 200 --v 5.2”。

艺术化程度对图像效果的影响在本章 01 节中已经介绍过，此处不再重复。图 7-21 和图 7-22 所示的两个案例对相同的提示词分别应用了较小和较大的艺术化程度参数值，可以看到，提高艺术化程度后，生成的图像更精美，但是偏离了提示词的描述，例如，人物的景别从全身变为半身，人物的姿势从奔跑变为站立。

A very cute girl wearing a red flight jacket and a bucket hat, full body, running in the forest at night, mystery adventure, flowers, plants, fireflies, intricate details, pixar --s 50

图 7-21

A very cute girl wearing a red flight jacket and a bucket hat, full body, running in the forest at night, mystery adventure, flowers, plants, fireflies, intricate details, pixar --s 900

图 7-22

07 图像质量参数：--quality（--q）

参数 --quality（简写形式为 --q）用于控制图像的细节精细度，其背后的原理是更改生成图像所花费的时间。参数值越大，生成图像所花费的时间越长，图像的细节就越丰富，但是这也意味着要消耗更多的 GPU 分钟数。常用模型版本的参数值设置见表 7-5。

表 7-5

模型类型	Midjourney				Niji	
模型版本	V4	V5.0	V5.1	V5.2	V4	V5
参数值	0.25、0.5、1				0.25、0.5、1	
默认值	1				1	

注：大于 1 的参数值将被向下取整为 1。

图 7-23 和图 7-24 所示的两个案例对相同的提示词分别应用了较低和较高的质量参数值，可以看到，质量参数值较高时，生成的图像更加精细和逼真。

A modern style villa, with a really wide and big balcony, 3d realistic style --q 0.25

图 7-23

A modern style villa, with a really wide and big balcony, 3d realistic style --q 1

图 7-24

质量参数值并非越大越好，有时较小的值反而可以产生更好的效果，具体还是取决于图像的内容和用途。例如，造型偏简单和抽象的画面就适合使用较小的质量参数值。在图 7-25 和图 7-26 所示的两个案例中，质量参数值较小的图像带有更少的装饰和细节，更能突显儿童插画简洁、明快的特点。

A little girl in the meadow holding a bouquet of flowers, children's illustration, minimalist --q 0.25

图 7-25

A little girl in the meadow holding a bouquet of flowers, children's illustration, minimalist --q 1

图 7-26

08 排除元素参数：--no

Midjourney Bot 会将提示词中的任何单词都视为用户希望在最终图像中看到的内容。例如，“still life watercolor painting without any flowers”或“still life watercolor painting, don’t add any flowers”反而更有可能生成包含花的图像，这是因为 Midjourney Bot 不会以人类的方式来理解“without”或“don’t”与“flowers”之间的关系。为了获得更符合预期的结果，应该在提示词中重点描述希望在图像中看到的内容，并使用参数 --no 指定在生成图像时需要尽量规避的元素。

提 示

参数 --no 可以接受多个参数值，各个参数值之间用英文逗号分隔，如“--no flowers, fruits, butterflies”。

图 7-27 所示的案例使用参数“--no plants”来排除与植物相关的元素。如果删除此参数，则生成的图像中就有可能出现植物元素，效果如图 7-28 所示。

Two playing kittens, dynamic poses, high-quality photo --no plants

图 7-27

Two playing kittens, dynamic poses, high-quality photo

图 7-28

人体的手部包含复杂的骨骼结构和丰富的肌肉组织，绘画难度较高，许多职业画师在创作时都会有意减少手部的表现，AI 绘画技术也面临着同样的挑战。在图 7-29 所示的案例中，生成的人物图像就出现了手掌变形或手臂变异的情况。图 7-30 所示的案例通过添加参数“--no hands”来避免绘制手部，从而提高了作品的质量。

A bride in a white dress, wearing a floral crown, sweet smile, realistic and romantic, soft focus, hyper details photograph

图 7-29

A bride in a white dress, wearing a floral crown, sweet smile, realistic and romantic, soft focus, hyper details photograph --no hands

图 7-30

除了排除实体内容，参数 --no 还支持排除颜色、形状等元素。例如，如果不想在图像中出现红色，可添加参数“--no red”，效果如图 7-31 所示。如果删除此参数，则生成的图像中就有可能出现红色，效果如图 7-32 所示。

A cute gift box, bright color, simple, 3d render, disney style --no red

图 7-31

A cute gift box, bright color, simple, 3d render, disney style

图 7-32

09 图像随机变化参数：--chaos（--c）

参数 --chaos（简写形式为 --c）用于控制模型的随机性，从而影响初始的“四宫格”图像之间的差异程度。参数值为 0～100 之间的整数，默认值为 0。

图 7-33 ～图 7-36 所示的 4 个案例对相同的提示词依次应用了从低到高的随机变化参数值，随着参数值的增大，4 张图像的构图和风格的差异也越来越明显。

A futuristic city powered by aurora energy, light solarpunk style --c 0

图 7-33

A futuristic city powered by aurora energy, light solarpunk style --c 25

图 7-34

A futuristic city powered by aurora energy, light solarpunk style --c 50

图 7-35

A futuristic city powered by aurora energy, light solarpunk style --c 100

图 7-36

> **提示**
>
> 如果对想要的画面效果还没有明确和清晰的构想，可以尝试将随机变化参数设定为较大的值来生成更多样化的图像，从而帮助自己获得创意和灵感。

10 图像完成度参数：--stop

Midjourney Bot 采用的是降噪模型，其生成图像的过程是由模糊逐渐过渡到清晰。参数 --stop 可以让图像生成过程在某个中间阶段提前终止。该参数的取值范围为 10～100 之间的整数，表示 10%～100% 的生成进度，默认值为 100。参数值越小，生成的图像完成度越低；参数值越大，生成的图像完成度越高。

图 7-37 和图 7-38 所示的两个案例对相同的提示词分别应用了默认和较小的完成度参数值，可以看到，100% 完成度的图像清晰且细节丰富，40% 完成度的图像模糊且缺乏细节。

A glass of red cranberry cocktail with a slice of lemon, blueberries on the table, photography, warm tonal range

图 7-37

A glass of red cranberry cocktail with a slice of lemon, blueberries on the table, photography, warm tonal range --stop 40

图 7-38

需要注意的是，对低完成度的初始图像进行放大重绘也无法丰富其细节。例如，利用 U 按钮对上面两个案例中的某张初始图像进行放大重绘，结果如图 7-39 和图 7-40 所示，可以看到，低完成度的图像在经过放大重绘后仍然是模糊的。

在实际应用中，一般来说图像越清晰越好，但也存在需要使用模糊图像的场景，

此时参数 --stop 就有用武之地了。图 7-41 所示的案例使用 75% 的完成度生成了一组抽象风格的图像，视觉效果比较柔和，如果用作演示文稿的背景，不会抢占主体内容的“风头”。

图 7-39

图 7-40

Digital background, gradient, soft light, low contrast, minimalist, foil holographic --ar 3:2 --stop 75

图 7-41

11 图像相似度参数：--seed

在执行一个图像生成任务时，Midjourney Bot 会使用一个种子编号来创建一个视觉噪点画面（类似于老式电视机的“雪花屏”），作为生成初始的“四宫格”图像的起点。种子编号默认是随机生成的，但是用户可以用参数 --seed 手动指定种子编号。该参数仅影响初始的“四宫格”图像，其取值范围为 0～4294967295 之间的整数。

对于 Midjourney 模型的 V4 和 V5 版本以及 Niji 模型，使用相同的提示词和种子编号可以得到几乎完全相同的最终图像。这个特性可以用于生成具有连贯性和一致性的人物形象或场景。图 7-42 和图 7-43 所示的两个案例使用了相同的提示词，但均未指定种子编号，可以看到生成的图像差异很大。

In the style of Angela Barrett, character, ink art, side view --ar 2:3

图 7-42

In the style of Angela Barrett, character, ink art, side view --ar 2:3

图 7-43

图 7-44 所示的案例使用参数 --seed 指定了一个种子编号 147，图 7-45 所示的案例使用了相同的提示词和种子编号，可以看到两个案例生成的图像几乎完全一致。

In the style of Angela Barrett, character, ink art, side view --ar 2:3 --seed 147

图 7-44

In the style of Angela Barrett, character, ink art, side view --ar 2:3 --seed 147

图 7-45

如果在一个图像生成任务中未手动指定种子编号，后面又需要使用该任务的种子编号，可以通过用私信发送任务的方式进行获取，方法主要有两种。

第 1 种方法：将鼠标指针放在图像生成任务上，任务的右上角会浮现一个工具栏，❶单击工具栏中的“更多”按钮⋯，❷在展开的菜单中执行“APP > DM Results”命令，如图 7-46 所示。

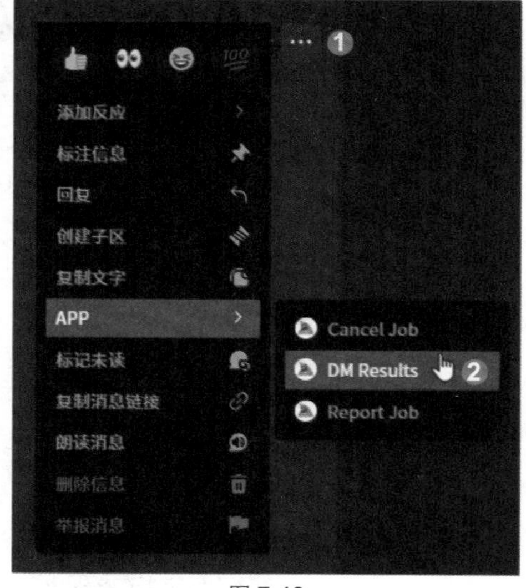

图 7-46

第 2 种方法：❶单击右上角工具栏中的“添加反应”按钮，❷在弹出的搜索框中输入“envelope”，❸在搜索结果中单击信封的表情图标，如图 7-47 所示。

图 7-47

随后 Midjourney Bot 会发送一条私信。❶单击左侧边栏中的“私信”按钮，❷在私信列表中单击 Midjourney Bot，❸即可看到私信内容，其中包含种子编号，如图 7-48 所示。

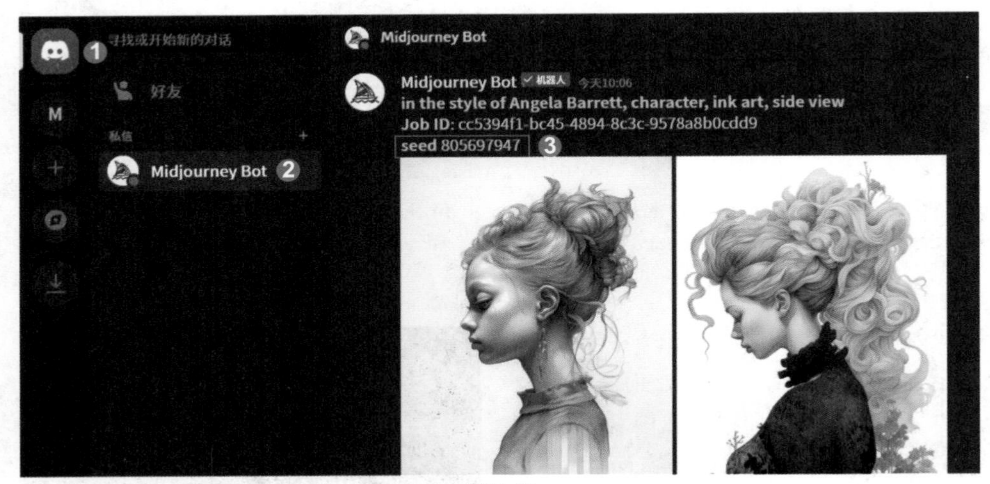

图 7-48

12 无缝贴图参数：--tile

无缝贴图是指重复平铺时看不出明显接缝的图像。在以往，无缝贴图通常需要用图像处理软件制作或者从素材网站下载，比较费时费力。现在有了 Midjourney，只需要使用参数 --tile，就能快速生成无缝贴图。该参数支持 Midjourney 模型的多个版本，包括常用的 V5.0、V5.1、V5.2 等。

图 7-49 所示的案例未使用参数 --tile，生成的图像四周都有留白的部分。图 7-50 所示的案例使用了参数 --tile，生成的图像在上、下、左、右的边缘都有可以衔接的部分。

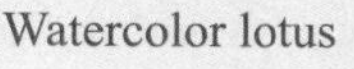

图 7-49

Watercolor lotus --tile

图 7-50

在图 7-50 所示案例的 4 张图像中选择一张进行放大重绘，下载后进行重复平铺，效果如图 7-51 所示，可以看到其很好地实现了无缝衔接。

图 7-51

在三维建模设计中经常需要使用材质纹理贴图，利用参数 --tile 可以轻松地创建自己的材质纹理贴图库。图 7-52 和图 7-53 所示的两个案例分别为使用 Midjourney 模型的 V5.1 版本生成的皮革纹理贴图和织物纹理贴图，在三维建模设计中的应用效果示例分别如图 7-54 和图 7-55 所示。

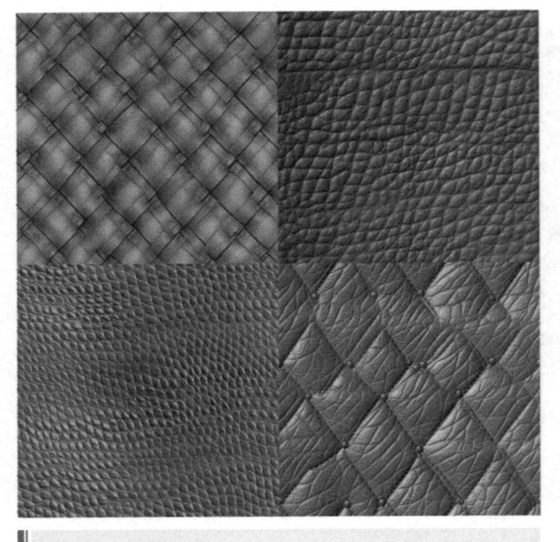

Tan leather fabric texture, in the style of distinctive textures, thick texture --v 5.1 --tile

图 7-52

Exquisite fabric texture, light brown and pink flowers, embroidery, highly textured --v 5.1 --tile

图 7-53

图 7-54

图 7-55

第 8 章　Midjourney 进阶技巧

前两章讲解了 Midjourney 的基本绘画操作和常用参数的设置。本章将迈入一个全新的阶段，深入研究 Midjourney 的高级技巧，包括融合图像、以图生图、以图生文、利用插件快速换脸等。这些技巧将给我们的 AI 创作之旅带来更多惊喜。

01 用“/blend”命令融合图像

Midjourney 提供的“/blend”命令可以将 2～5 张参考图融合在一起，创造出一张全新的图像。用户可以利用这一命令融合不同内容和风格的图像，生成富有创意的作品。

提 示

“/blend”命令最多可以融合 5 张参考图，但图像越多，融合的精准度会越低。

进入 Discord 的个人服务器，在聊天框中输入“/blend”命令，如图 8-1 所示。

图 8-1

按〈Enter〉键发送命令，系统会提示上传两张参考图，如图 8-2 所示。用户可以直接将图像文件拖放到指定框内，或者单击框内的上传图标并选择图像文件。

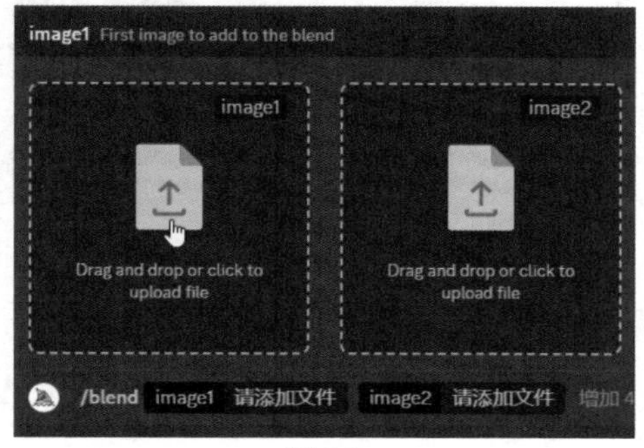

图 8-2

单击“image1”框内的上传图标，❶在弹出的“打开”对话框中选择需要融合的第 1 张参考图，❷单击“打开”按钮，如图 8-3 所示。用相同的方法上传需要融合的第 2 张参考图。这里分别上传了一张狗的图像和一张熊猫的图像，如图 8-4 所示。如果要更换参考图，可单击图像右上角的“移除附件”按钮🗑来删除图像，然后重新上传。

图 8-3

图 8-4

参考图上传成功后，按两次〈Enter〉键发送消息。稍等片刻，即可看到对上传的两张参考图进行融合后生成的一组全新的图像，如图 8-5 所示。从中选择比较满意的一张进行放大重绘，最终效果如图 8-6 所示。

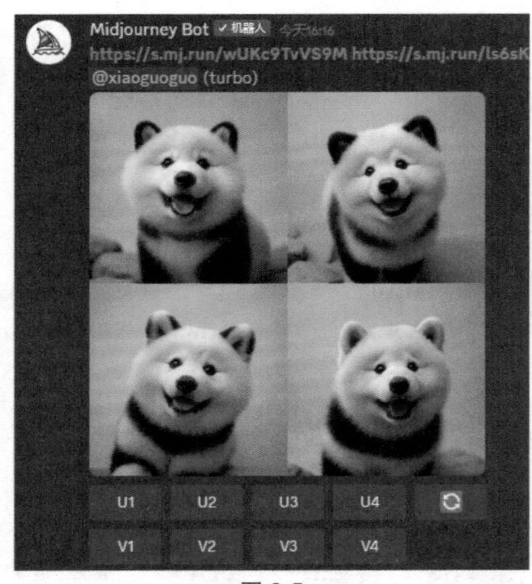

图 8-5

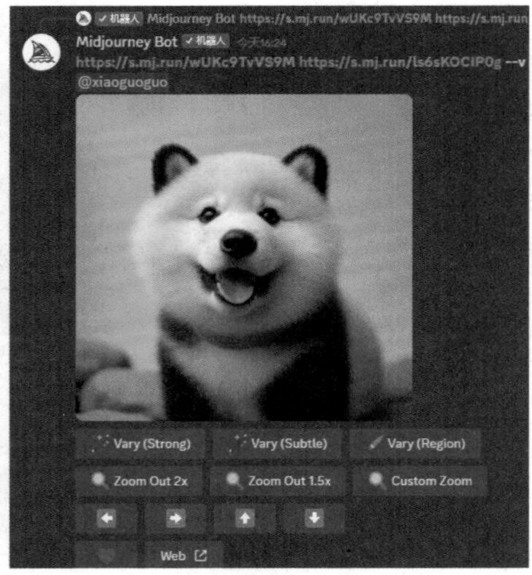

图 8-6

融合生成图像的默认宽高比为 1∶1。如果要调整此宽高比，❶单击对话框右侧的“增加 4”，❷在展开的列表中选择“dimensions”选项，如图 8-7 所示。

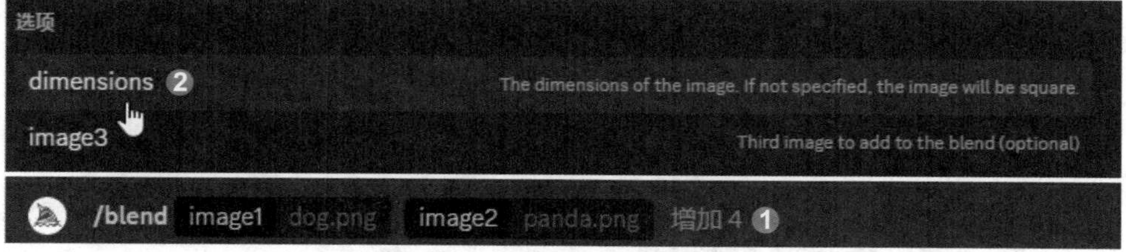

图 8-7

然后在展开的列表中选择所需的宽高比，目前有“Portrait”（2∶3）、“Square”（1∶1）、“Landscape”（3∶2）3 种选项，如图 8-8 所示。

图 8-8

选择“Portrait”（2∶3）和“Landscape”（3∶2）这两种宽高比时生成的融合图像分别如图 8-9 和图 8-10 所示。

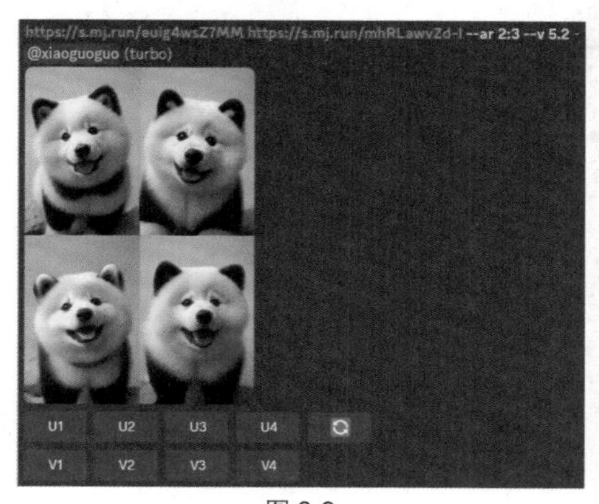

图 8-9

图 8-10

提示

为获得最佳的融合效果，参考图的宽高比应尽量与所选的输出宽高比相同。

如果要增加参考图，❶单击右侧的“增加 4”按钮，❷在展开的列表中可选择“image3”“image4”“image5”选项，分别对应增加第 3、4、5 张图像，如图 8-11 所示。

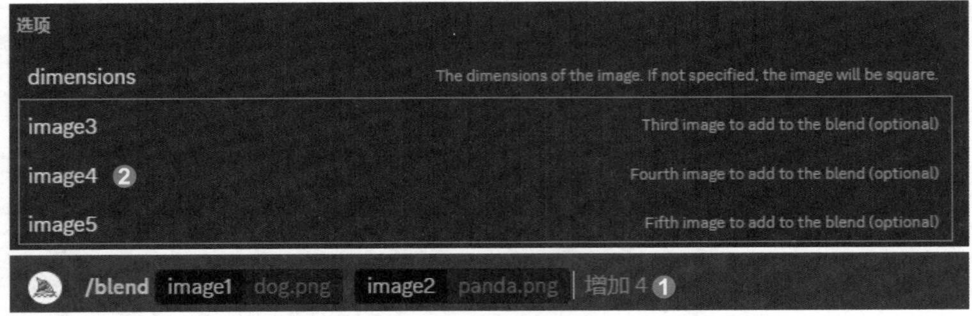

图 8-11

02 用图像提示词实现以图生图

前两章的案例中使用的提示词都是文本，实际上，Midjourney 还支持使用图像作为提示词，以影响最终图像的构图、风格和颜色，也就是俗称的“垫图”。图像提示词既可以单独使用，也可以与文本提示词和后缀参数结合使用，此时提示词的组成结构如图 8-12 所示。

图 8-12

> **提 示**
>
> 前面介绍的“/blend”命令可以视为图像提示词功能的简化版。尽管该命令无法与文本提示词和后缀参数结合使用，但它提供图形化的用户界面，更为直观和易用。

图像提示词的使用注意事项如下。

（1）图像提示词必须放在开头部分。

（2）如果单独使用图像提示词，必须提供至少两张图像。如果结合使用图像提示词和文本提示词，则可以只提供一张图像。图像提示词的数量最好不超过 5 张。

（3）图像提示词必须以链接形式给出，且链接必须以“.png”“.gif”“.webp”“.jpg”“.jpeg”结尾。如果是在线图像，需要复制图像的直接链接；如果是本地图像，可以把图像作为一条消息发送给 Midjourney Bot 来生成链接。

（4）当使用多个图像链接时，各个链接之间需要用空格分隔。

这里以上传本地图像为例讲解图像提示词的用法。❶单击聊天框左侧的“+”

按钮，❷在弹出的菜单中单击“上传文件”按钮，如图 8-13 所示。❸在弹出的“打开”对话框中选择一张图像，❹单击“打开”按钮，如图 8-14 所示。

图 8-13

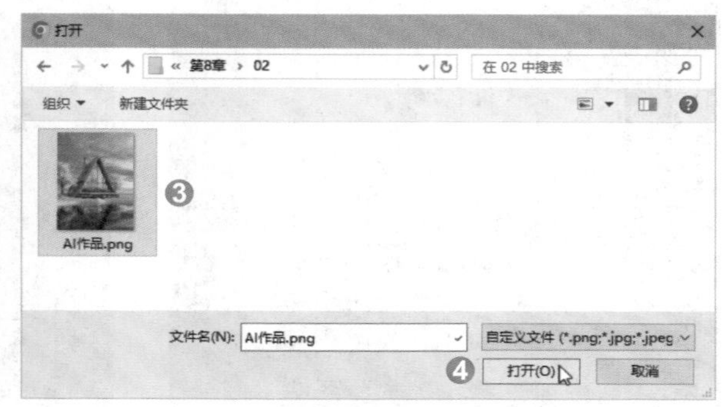

图 8-14

图像上传完毕后，会显示图 8-15 所示的预览图，然后按〈Enter〉键发送图像，效果如图 8-16 所示。

图 8-15

图 8-16

提 示

在预览图右上角的工具栏中，按钮用于隐藏预览图，按钮用于修改文件名、添加描述等，按钮用于删除图像。

❶在下方的聊天框中输入“/imagine”命令，如图 8-17 所示，❷然后直接用鼠标将上方的图像拖动到“prompt”框内，如图 8-18 所示。

图 8-17

图 8-18

随后在“prompt”框中会显示对应的图像链接，如图 8-19 所示。

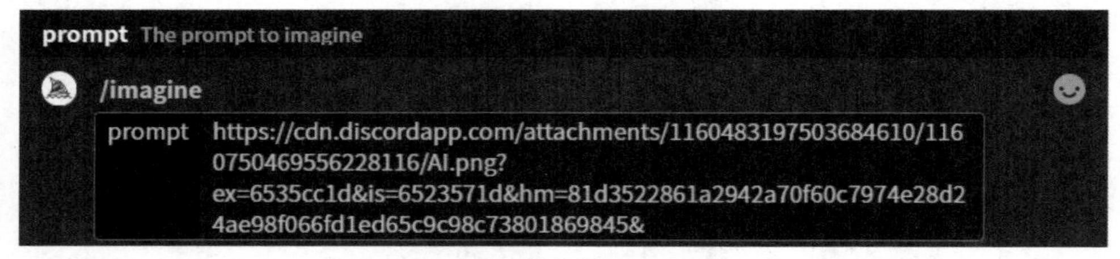

图 8-19

提 示

发送图像后，除了通过鼠标拖动的方式获取图像链接，还可以单击展开图像，然后单击图像左下角的“在浏览器中打开”链接，通过浏览器打开图像，再将浏览器地址栏中的图像链接复制并粘贴到“prompt”框中。如果要使用在线图像作为图像提示词，在大多数浏览器中，用鼠标右键单击图像（计算机端）或长按图像（手机端）后弹出的快捷菜单中都会有复制图像地址的命令。

在图像链接后面输入一个空格，然后输入文本提示词和后缀参数，如“A mother and her daughter running in the snow, in the style of light white and light crimson, warmcore, exacting precision --ar 3:4”（绘制一对母女在雪地里奔跑的图像，图像的宽高比为 3∶4），如图 8-20 所示。

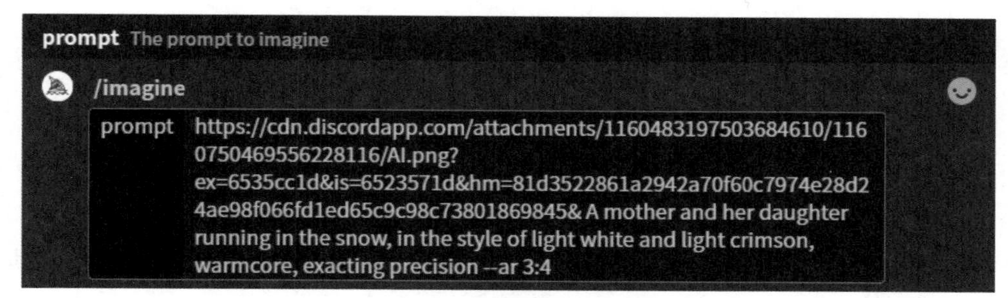

图 8-20

输入完毕后按〈Enter〉键发送，Midjourney Bot 就会根据图像提示词、文本提示词和后缀参数生成一组图像，如图 8-21 所示。可以看到，背景中的建筑与所上传图像中的建筑非常相似。此外，图像提示词中的链接被转换成短链接的形式，用户可以在其他图像生成任务中重复使用这个短链接。

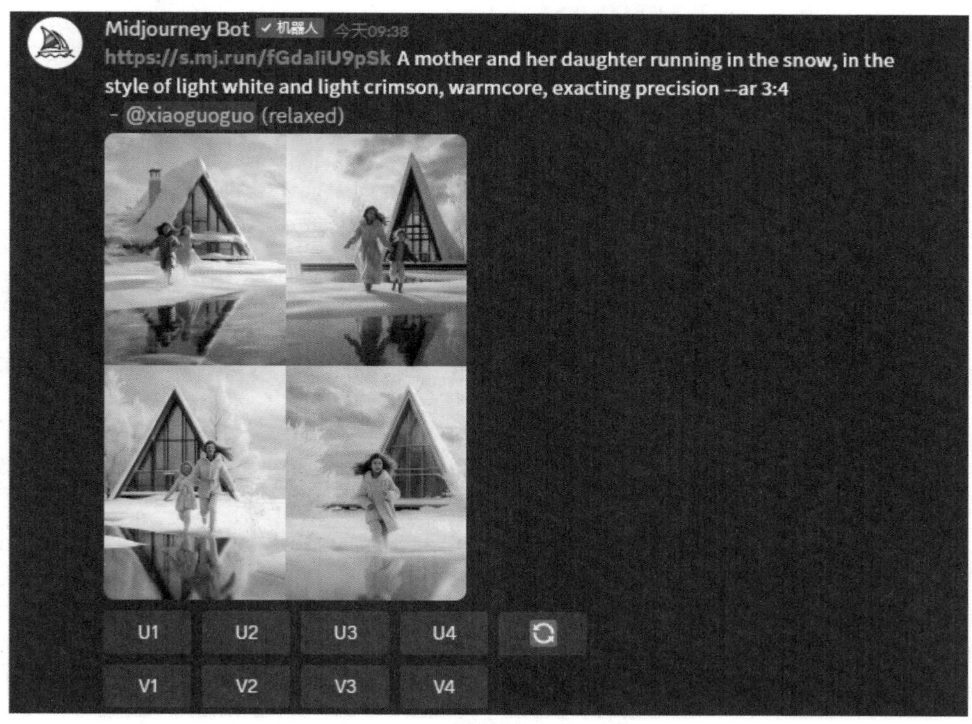

图 8-21

03 用参数 --iw 控制图像提示词的权重

将图像提示词与文本提示词结合使用时，可以用参数 --iw 控制两者的相对权重。

常用模型版本的参数值设置见表 8-1。参数值越大，图像提示词对最终图像的影响就越大。

表 8-1

模型类型	Midjourney				Niji	
模型版本	V4	V5.0	V5.1	V5.2	V4	V5
参数值	不支持	0～2			不支持	0～2
默认值	不支持	1			不支持	1

以图 8-22 作为图像提示词，结合使用相同的文本提示词和不同的 --iw 参数值生成了 3 张图像，分别如图 8-23～图 8-25 所示。

图 8-23 使用的参数值是 0.5，表示图像提示词的重要性是文本提示词的 50%；图 8-24 使用的参数值是 1，表示图像提示词和文本提示词的重要性相同；图 8-25 使用的参数值是 2，表示图像提示词的重要性是文本提示词的 2 倍。

通过对比可以看出，随着参数值的增大，图像提示词中的元素（如花瓶和书籍等）在生成的图像中出现得越来越多，而文本提示词中描述的钟所占的画面也越来越小。

https://s.mj.run/NZ19v7j7V4w

图 8-22

https://s.mj.run/NZ19v7j7V4w An old fashioned clock sitting on a table, light gold and dark brown, close-up shot, realistic hyper-detailed rendering --iw 0.5

图 8-23

https://s.mj.run/NZ19v7j7V4w An old fashioned clock sitting on a table, light gold and dark brown, close-up shot, realistic hyper-detailed rendering --iw 1

图 8-24

https://s.mj.run/NZ19v7j7V4w An old fashioned clock sitting on a table, light gold and dark brown, close-up shot, realistic hyper-detailed rendering --iw 2

图 8-25

04 用“/describe”命令实现以图生文

要快速提升自身的 AI 绘画水平，钻研其他人的优秀作品和提示词是一条不可或缺的途径。然而随着 AI 绘画技术在商用领域的逐步落地，优质的提示词也拥有了一定的商业价值。有些创作者便将提示词视为自己的“独门秘技”，并不会慷慨地在网上公开分享。那么，有没有办法从图像反向推导出提示词呢？答案是肯定的，我们可以使用 Midjourney 提供的“/describe”命令。

使用 AI 绘制图像时，通常需要提供文本提示词来指导 AI 创作，简称“以文生图”。而“/describe”命令的功能则刚好相反，是“以图生文”，即根据给定的图像生成可能的文本提示词。下面就来讲解“/describe”命令的用法。

进入为 Midjourney 搭建的 Discord 个人服务器，在聊天框中输入“/describe”命令，如图 8-26 所示。

按〈Enter〉键发送命令，系统会提示上传一张图像。用户可以直接将图像文件拖放到指定框内，或者单击框内的上传图标并选择图像文件。❶单击上传图标，如图 8-27 所示，❷在弹出的“打开”对话框中选择需要反向推导提示词的图像，❸单击“打开”按钮，如图 8-28 所示。

图 8-26

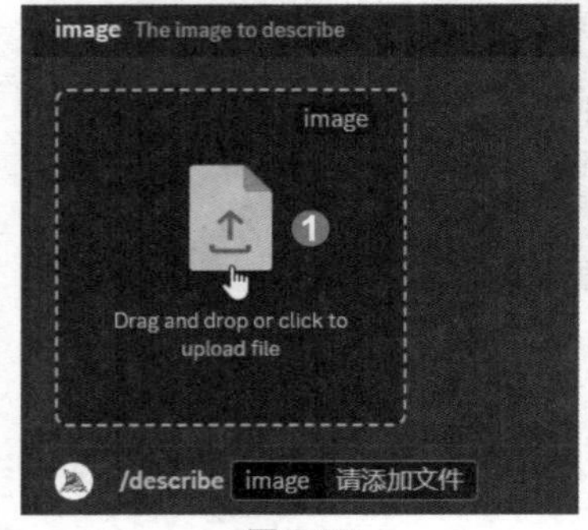

图 8-27

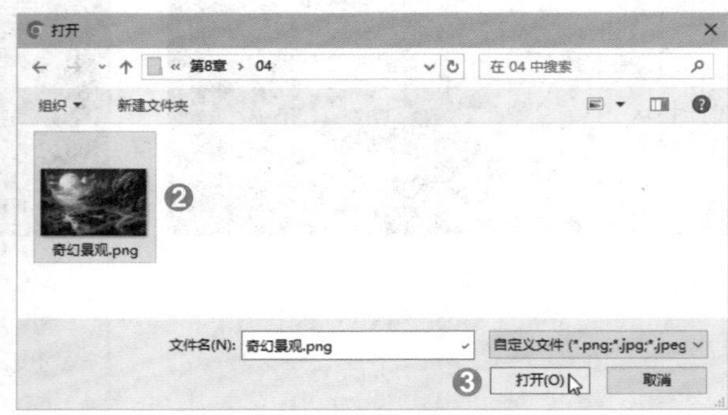

图 8-28

图像上传成功后，会显示图 8-29 所示的预览图，按两次〈Enter〉键发送图像。稍等片刻，即可看到 4 段描述所上传图像的提示词，其中包含图像的内容、风格、宽高比等，如图 8-30 所示。

图 8-29

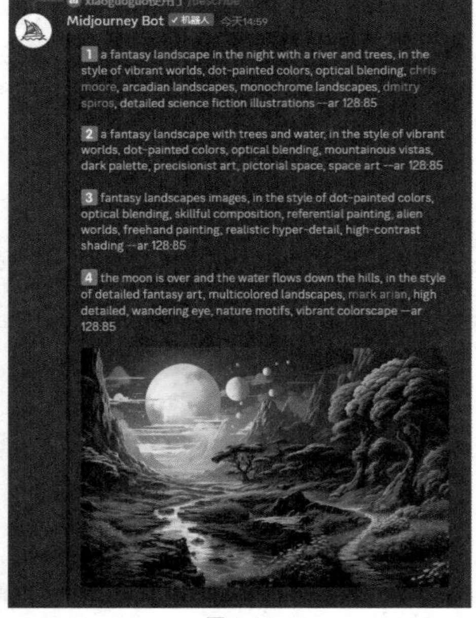

图 8-30

在生成的提示词下方有一行按钮，其中数字 1～4 的按钮分别代表第 1～4 段提示词。单击某个按钮，将会使用对应的提示词生成图像。以第 1 段提示词为例，❶单击数字 1 的按钮，如图 8-31 所示，弹出图 8-32 所示的对话框，可在其中根据需要修改提示词，❷这里不做修改，直接单击“提交”按钮。稍等片刻，即可看到根据所选的提示词生成的一组图像，如图 8-33 所示。

1
1
2
3
4
Imagine all

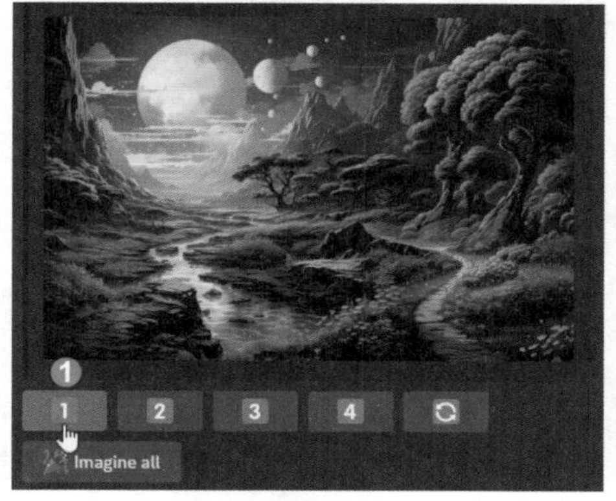

图 8-31

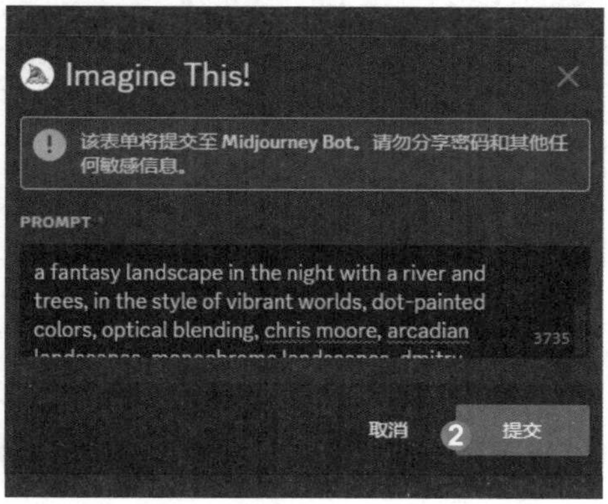

Imagine This!
该表单将提交至 Midjourney Bot。请勿分享密码和其他任何敏感信息。
PROMPT
a fantasy landscape in the night with a river and trees, in the style of vibrant worlds, dot-painted colors, optical blending, chris moore, arcadian
3735
取消
2
提交

图 8-32

Midjourney Bot ✓机器人 今天15:08
a fantasy landscape in the night with a river and trees, in the style of vibrant worlds, dot-painted colors, optical blending, chris moore, arcadian landscapes, monochrome landscapes, dmitry spiros, detailed science fiction illustrations --ar 128:85 --s 750 --v 5.2 - @xiaoguoguo (relaxed)

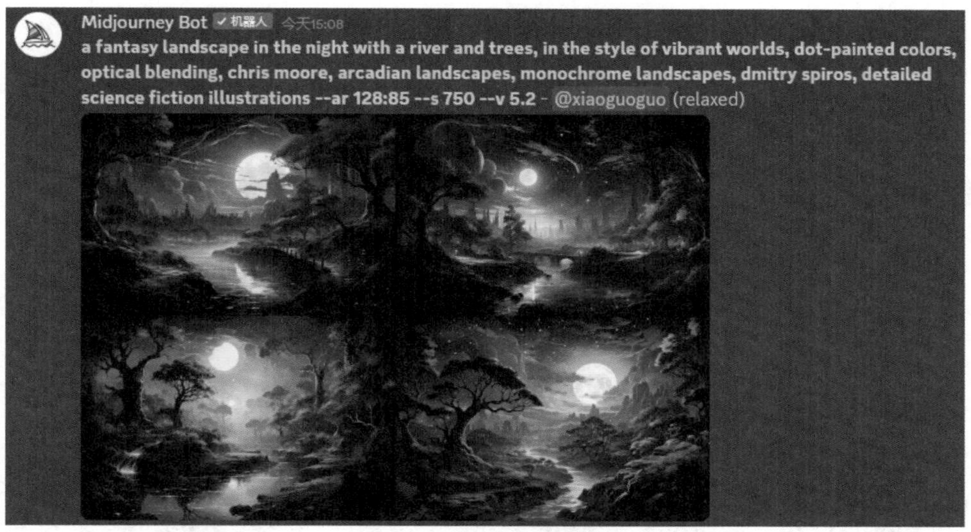

图 8-33

继续单击其他 3 个数字按钮来生成图像，结果如图 8-34 ～图 8-36 所示。通过与上传的图像进行对比，可以判断哪一段提示词的描述最为准确。

如果启用了“fast mode”（快速模式），还可单击“Imagine all”按钮来批量生成图像。

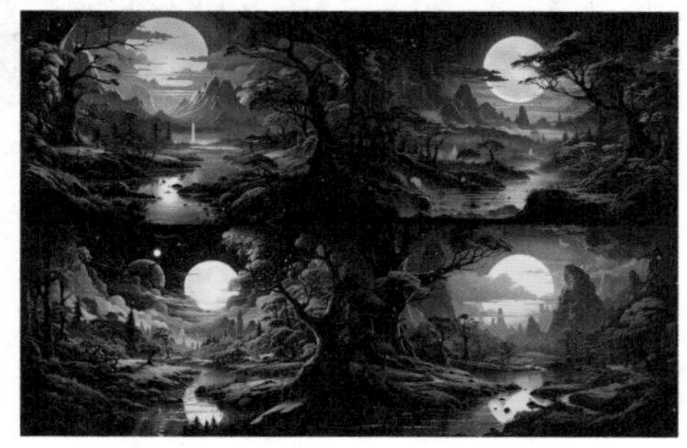

图 8-34

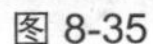

图 8-35

图 8-36

05 用 InsightFace 玩转换脸魔法

Midjourney 生成图像的过程具有较强的随机性，在制作虚拟角色的系列图像时很难保持人物脸部的一致性。本节将讲解如何借助 InsightFace 插件轻松地解决这一问题。

InsightFace 采用了先进的 2D 和 3D 高精度人脸识别技术，可以准确地分析图像中人物的脸部特征。InsightFace 已将算法工具置入 Discord 频道，可以与 Midjourney 协同工作，实现一键高质量换脸。

在使用 InsightFace 之前，需要在 Discord 的个人服务器中添加 InsightFace 的机器人。进入为 Midjourney 搭建的 Discord 个人服务器，在聊天框中输入链接 “https://discord.com/oauth2/authorize?client_id=1090660574196674713&permissions=274877945856&scope=bot”，按〈Enter〉键发送，然后单击该链接，如图 8-37 所示。

图 8-27

❶在弹出的对话框中选择个人服务器，❷单击下方的“继续”按钮，如图 8-38 所示，❸在确认权限的界面中单击“授权”按钮，如图 8-39 所示。随后根据页面中的提示信息进行人机验证，验证成功后即可将 InsightFace 机器人添加到个人服务器中。

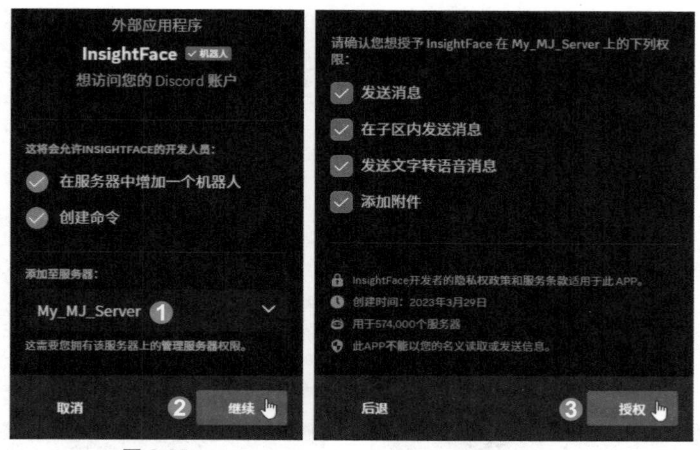

图 8-38　　　　图 8-39

假设我们已经事先用 Midjourney 生成了一个女孩在不同场景中的多张图像，但是各图像中人脸的特征无法保持一致。下面利用 InsightFace 将某一张图像中人脸的特征复制到其他图像中的人脸上，从而得到同一个虚拟角色的系列图像。

首先注册人脸蓝本，在下方的聊天框中输入“/saveid”命令，如图 8-40 所示。

图 8-40

按〈Enter〉键发送命令，系统会提示上传一张图像。用户可以直接将图像文件拖放到指定框内，或者单击框内的上传图标并选择图像文件。❶单击上传图标，如图 8-41 所示，❷在弹出的“打开”对话框中选择要注册成人脸蓝本的图像，❸单击“打开”按钮，上传图像，如图 8-42 所示。

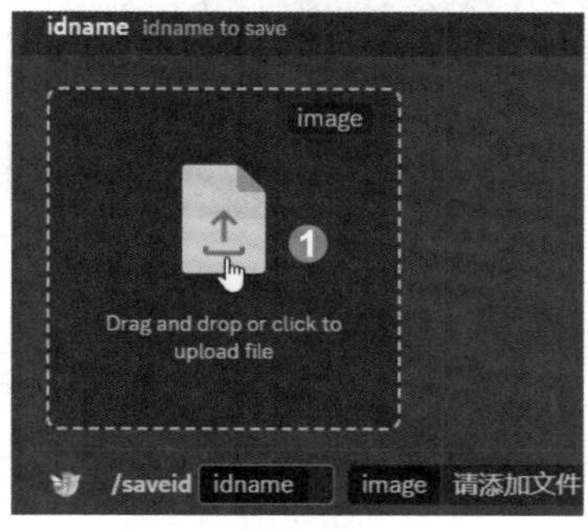

图 8-41

图 8-42

图像上传成功后，在下方的“idname”框中为其输入一个名称，如“Linlin”，作为该人脸蓝本的唯一标识，如图 8-43 所示。按两次〈Enter〉键发送图像，当看到“idname ××× created”的信息时，表示注册成功，如图 8-44 所示。

提 示

为保证换脸效果，上传的图像应尽量满足正脸、清晰、无遮挡、无眼镜、无厚重刘海的要求。输入的人脸蓝本名称只能包含英文或数字，且不能超过 10 个字符。新注册的人脸蓝本将被自动设置为默认的蓝本。目前每个账号最多可注册 20 张人脸蓝本，每天最多可执行 50 条命令。

图 8-43

图 8-44

接下来就可以进行换脸了，在下方的聊天框中输入“/swapid”命令，如图 8-45 所示。

图 8-45

按〈Enter〉键发送命令，系统同样会提示上传一张图像。❶单击框内的上传图标，如图 8-46 所示，❷在弹出的“打开”对话框中选择需要换脸的图像，❸单击“打开”按钮，上传图像，如图 8-47 所示。

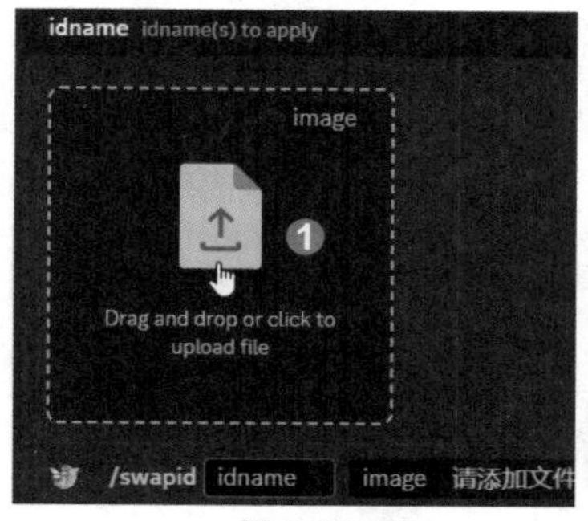

图 8-46

图 8-47

图像上传成功后，在下方的“idname”框中输入之前注册人脸蓝本时设置的名称，如“Linlin”，如图 8-48 所示。然后按〈Enter〉键发送图像，稍等片刻，即可生成换脸后的图像，如图 8-49 所示。

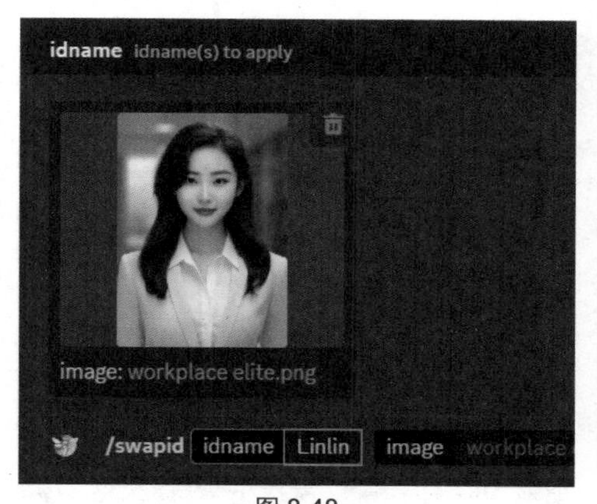

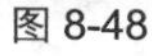

图 8-48

图 8-49

对比两张原始图像（见图 8-50、图 8-51）和换脸后的图像（见图 8-52），可以看到 InsightFace 的换脸效果非常自然。使用相同的方法对其他图像进行换脸操作，就能得到同一角色“Linlin”在不同场景中的系列图像。

提 示

InsightFace 支持对一张图像中的多个人物进行换脸操作。首先需要充值升级为 InsightFace 会员，然后上传并注册多个人脸蓝本。在使用“/swapid”命令执行换脸操作时，在“idname”框中输入要使用的人脸蓝本的名称列表，各个名称之间用英文逗号分隔，逗号前后不能有空格，如“Emma,Lily,Ella,Grace”。如果只想对图像中的一部分人物进行换脸操作，就用下画线来指代不需要换脸的人物，例如，“Emma,_,_,Grace”表示只对从左往右数的第 1、4 个人物进行换脸操作。

图 8-50

图 8-51

图 8-52

前面是对保存在本地硬盘中的图像进行换脸，如果要在用 Midjourney 生成图像后直接进行换脸，操作更为简单。图 8-53 所示为用 Midjourney 生成的一组图像，单击下方的“U1”按钮，对第 1 张图像进行放大重绘，结果如图 8-54 所示。

图 8-53

图 8-54

用鼠标右键单击放大重绘后的图像，在弹出的快捷菜单中执行“APP > INSwapper”命令，如图 8-55 所示。稍等片刻，InsightFace 就会使用默认的人脸蓝本（这里为“Linlin”）完成换脸操作，效果如图 8-56 所示。

图 8-55

图 8-56

06 用 Niji 模型创作动漫风格作品

Niji 模型是 Midjourney 和 Spellbrush 合作推出的动漫风格 AI 绘画工具。它拥有丰富的动漫知识，特别擅长创建充满动态感的场景，并且非常注重角色和构图，可以说是目前最强的动漫绘画模型。

Niji 模型的使用方法和 Midjourney 模型差不多，命令很相似，也支持垫图。调用 Niji 模型的方法有两种，下面分别介绍。

◆ 通过 Midjourney Bot 调用 Niji 模型

第 1 种方法是通过 Midjourney Bot 调用 Niji 模型。执行"/settings"命令，打开配置界面，在下拉列表框中选择 Niji 模型的 V5 版本，将其设置为默认模型，如图 8-57 所示。

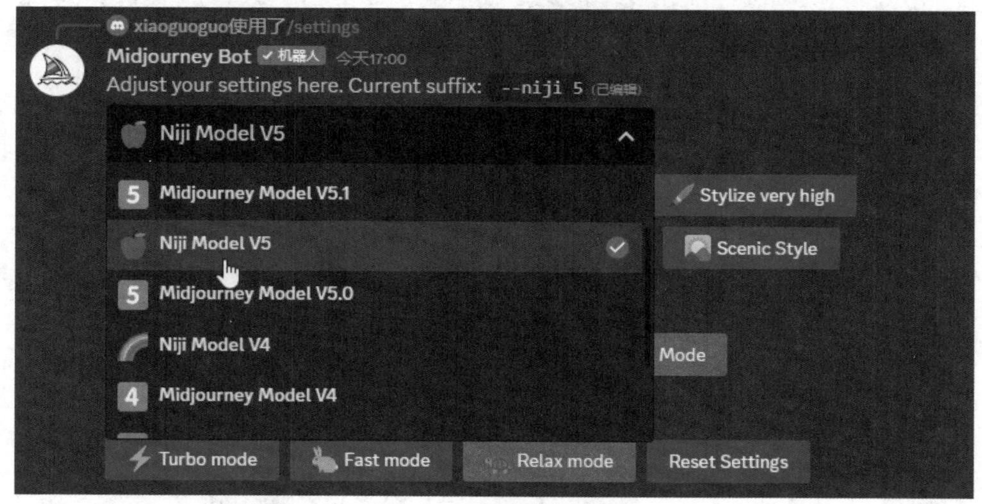

图 8-57

设置完毕后，在下方的聊天框中输入"/imagine"命令，如图 8-58 所示。

图 8-58

然后在"prompt"框中输入提示词，如"A girl, fairy-tale theme, ribbon rising, creating a strong sense of movement, Chinese style, metallic printing on clothing,

Hanfu, delicate figure, beautiful appearance”，如图 8-59 所示。

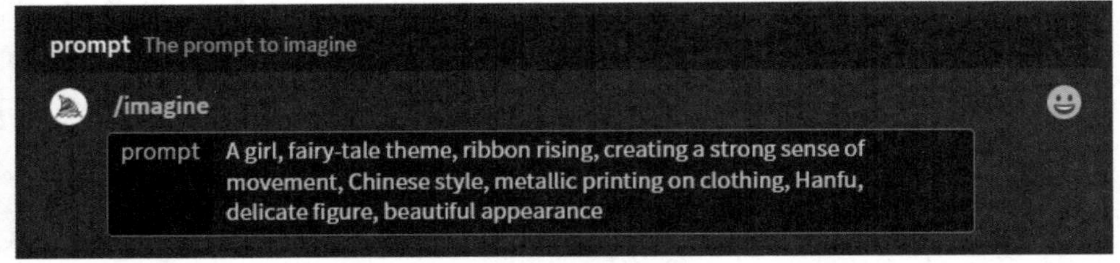

图 8-59

输入完毕后按〈Enter〉键发送命令。稍等片刻，Midjourney Bot 就会调用 Niji 模型生成相应的动漫风格绘画作品，如图 8-60 所示。

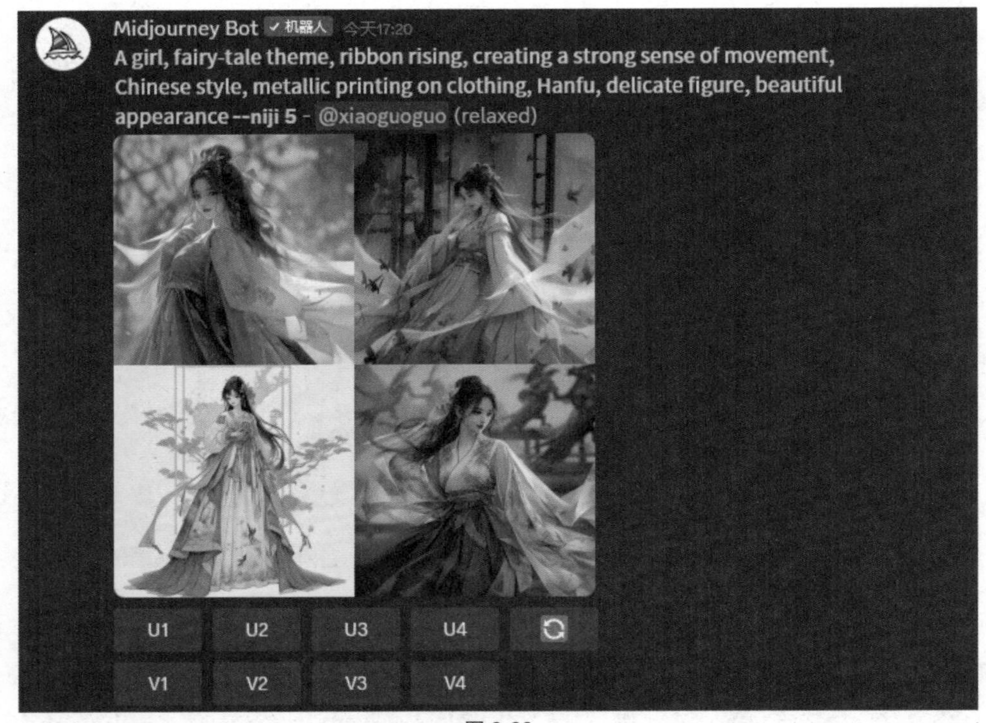

图 8-60

除了通过配置界面将 Niji 模型设置为默认模型，还可按照第 7 章 03 节的讲解，通过添加后缀参数“--niji 5”来调用 Niji 模型。

◆ **使用独立机器人** niji · journey Bot

第 2 种方法是使用名为 niji ·journey Bot 的独立机器人。与使用 Midjourney Bot 类似，建议将 niji · journey Bot 添加到个人服务器中使用。

进入 Discord 中的个人服务器，❶单击界面左上角的个人服务器名称，❷在展开的列表中选择“App 目录”选项，如图 8-61 所示，❸在“App 目录”页面的搜索框中输入“niji”，如图 8-62 所示，按〈Enter〉键进行搜索。

图 8-61

图 8-62

❶在搜索结果列表中单击“niji・journey”，如图 8-63 所示，❷在打开的详情页面中单击“添加至服务器”按钮，如图 8-64 所示。

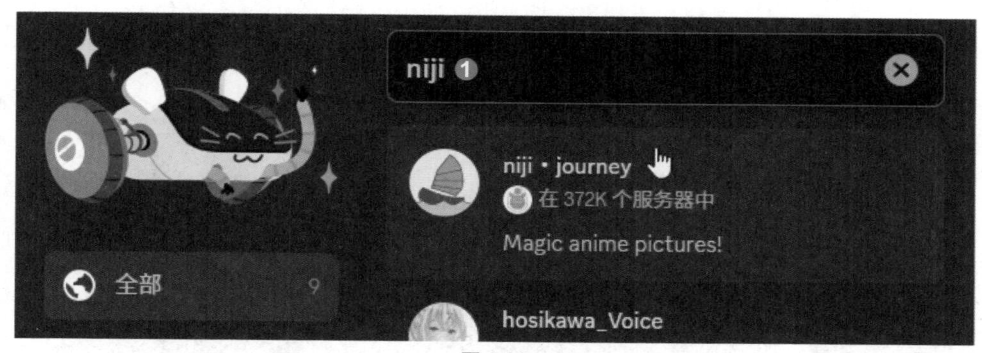

图 8-63

图 8-64

❶在弹出的对话框中选择个人服务器，❷单击“继续”按钮，如图 8-65 所示，❸在确认权限的界面中单击“授权”按钮，如图 8-66 所示。随后根据提示信息进行人机验证，验证成功后即可将 niji・journey Bot 添加到个人服务器中。

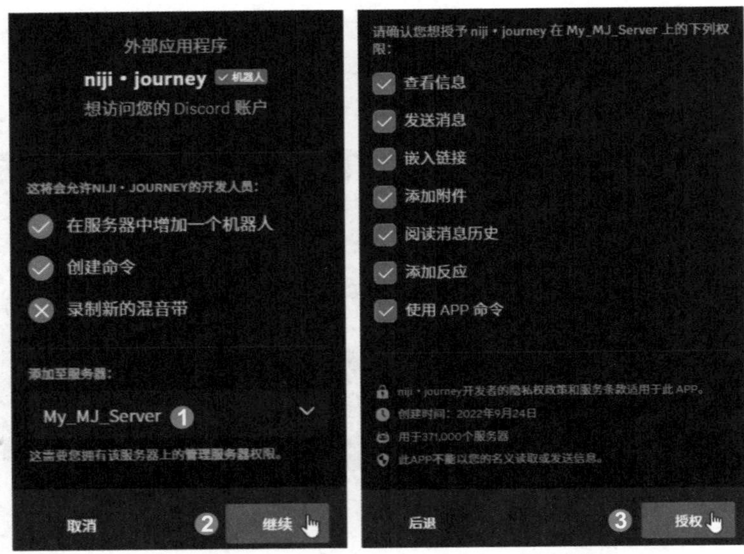

图 8-65　　　　　　　　图 8-66

接下来就可以使用 niji · journey Bot 生成动漫风格的图像了。❶在下方的聊天框中输入“/imagine”命令，❷在弹出的列表中选择对应 niji · journey Bot 的命令，如图 8-67 所示。

图 8-67

在“prompt”框中输入提示词。niji · journey Bot 支持中文提示词，因此这里输入中文提示词，如“一个男孩躺在床上，十分虚弱的表情，中景特写，清晰背景，8K 高清分辨率，科幻动漫，超现实主义”，如图 8-68 所示。

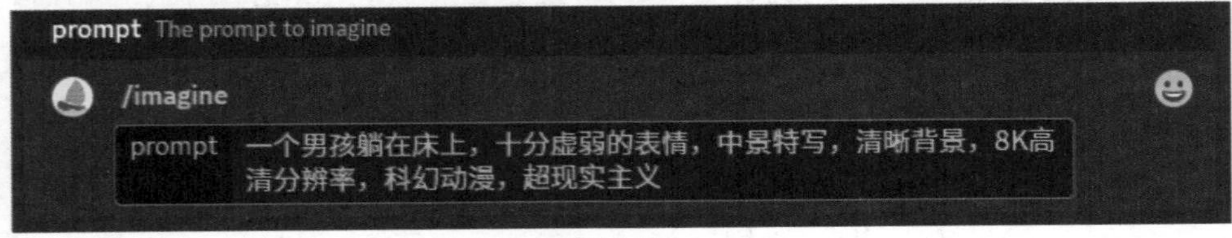

图 8-68

输入完毕后，按〈Enter〉键发送命令。稍等片刻，niji・journey Bot 就会根据提示词生成相应的绘画作品，如图 8-69 所示。

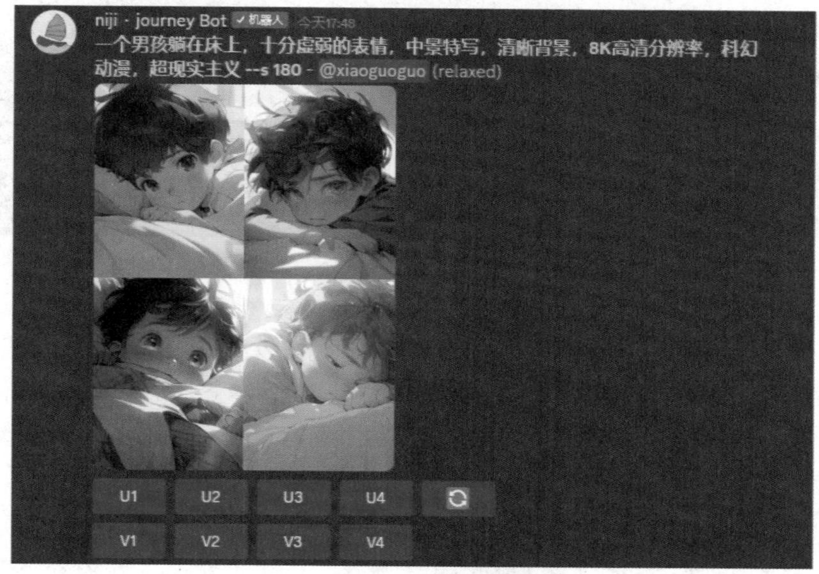

图 8-69

> **提 示**
>
> niji・journey Bot 并没有专门针对中文进行训练，其对中文提示词的支持实际上是在后台进行中译英。为避免翻译过程中产生歧义，建议具备一定英语水平的用户使用英文提示词。

下面介绍如何设置 Niji 模型的参数。❶在下方的聊天框中输入“/settings”命令，❷在弹出的列表中选择对应 niji・journey Bot 的命令，如图 8-70 所示。

图 8-70

按〈Enter〉键发送命令，将会显示 Niji 模型的配置界面，如图 8-71 所示，在这里可以对 Niji 模型的艺术化程度、美学效果等进行设置。

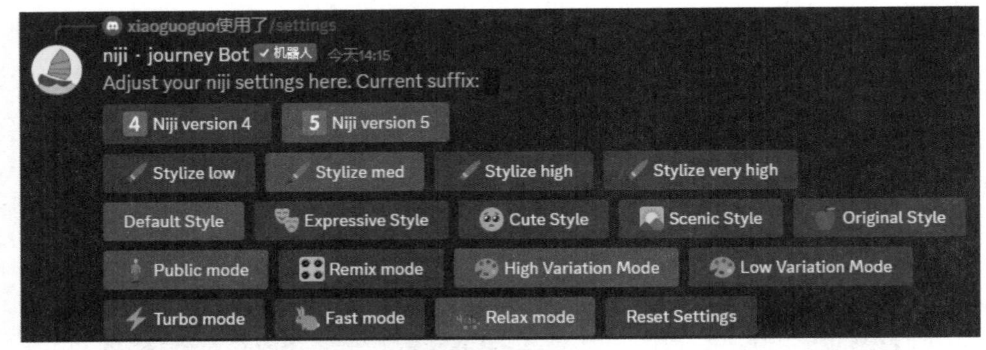

图 8-71

与 Midjourney 模型类似，Niji 模型配置界面中第 2 行的 4 个按钮“Stylize low”“Style med”“Style high”“Stylize very high”用于设置图像的艺术化程度。艺术化程度的含义在第 7 章的 01 节中已经解释过，这里不再赘述。艺术化程度也可通过参数 --stylize（--s）更精确地控制，详见第 7 章的 06 节。

使用相同的提示词，并分别选择不同的艺术化程度，生成的图像如图 8-72 ～图 8-75 所示。

A beautiful girl with long hair, wearing a black evening gown, soft focus, ultra-high definition --ar 3:4 --s 50（相当于“Stylize low”）

图 8-72

A beautiful girl with long hair, wearing a black evening gown, soft focus, ultra-high definition --ar 3:4 --s 100（相当于“Stylize med”）

图 8-73

A beautiful girl with long hair, wearing a black evening gown, soft focus, ultra-high definition --ar 3:4 --s 250（相当于“Stylize high”）

图 8-74

A beautiful girl with long hair, wearing a black evening gown, soft focus, ultra-high definition --ar 3:4 --s 750（相当于“Stylize very high”）

图 8-75

Niji 模型配置界面中第 3 行的 5 个按钮用于设置图像的美学效果，其功能与第 7 章 05 节介绍的参数 --style 相同。

（1）**Expressive Style**（**表现风格**）：偏向于成熟的欧美式画风，具有精致的插图感。整体色相饱和度高，能出色地表现光线、材质、色彩和立体感。适用于绘制 3D 风格或美式和韩式动漫风格的作品，以及表现表情或动态。绘图示例如图 8-76 所示。

In spring, a little girl, wearing a floral dress, holding a cat --style expressive

图 8-76

（2）**Cute Style**（**可爱风格**）：偏向于可爱的日式画风，细节丰富而精美，可创造出可爱迷人的角色、道具和场景。适用于绘制绘本、贴纸等手绘风格的作品。绘图示例如图 8-77 所示。

（3）**Scenic Style**（**场景风格**）：在

呈现环境和背景方面有独特优势，能巧妙地平衡人物与场景，同时融合了前几种风格的特点。适用于绘制梦幻般的场景和电影般的人物瞬间。绘图示例如图 8-78 所示。

（4）Original Style（原默认风格）和 Default Style（新默认风格）：分别是 2023 年 5 月 26 日之前和之后的默认风格，绘图示例如图 8-79 和图 8-80 所示。相比之下，Default Style 的光影呈现更加合理和细致，材质的光泽感更强，色彩更丰富饱满，整体清晰度更高。

In spring, a little girl, wearing a floral dress, holding a cat --style cute

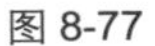

图 8-77

In spring, a little girl, wearing a floral dress, holding a cat --style scenic

图 8-78

In spring, a little girl, wearing a floral dress, holding a cat --style original

图 8-79

In spring, a little girl, wearing a floral dress, holding a cat --style default

图 8-80

07 用 Remix 模式微调图像

Remix 模式允许用户通过修改提示词和后缀参数，生成与原始图像构图相似但稍有变化的变体图像。这样用户不需要重新进行设计就能快速探索不同的创意选择，从而节省时间和资源。

Remix 模式的启用方式有两种。第 1 种方式是通过执行命令启用 Remix 模式。在下方的聊天框中输入“/prefer remix”命令，如图 8-81 所示。

图 8-81

按〈Enter〉键发送命令，当 Midjourney Bot 回复“Remix mode turned on!”的提示信息时，表示 Remix 模式开启成功，如图 8-82 所示。再次执行“/prefer remix”命令可关闭 Remix 模式。

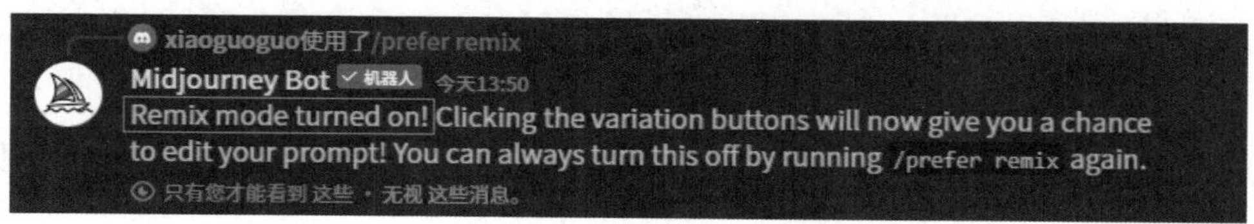

图 8-82

第 2 种方式是通过配置界面启用 Remix 模式。执行“/setting”命令，打开 Midjourney 模型的配置界面。❶先单击“Remix mode”按钮，使其变成绿色，表示启用 Remix 模式，❷然后单击“Low Variation Mode”按钮来启用低变化模式，以确保变体图像不会大幅偏离原始图像，如图 8-83 所示。

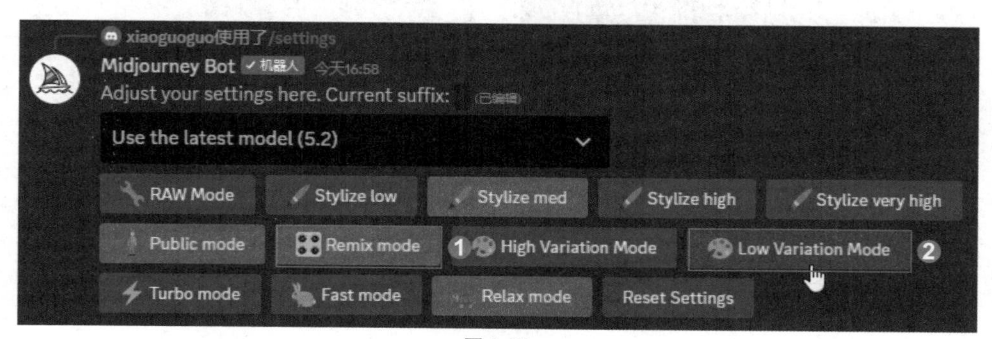

图 8-83

下面用一个实例来讲解如何在 Remix 模式下实现图像微调。先用如下提示词生成一组图像，如图 8-84 所示。

A car sits in a city street, in the style of surreal 3d landscapes, cute and colorful, vray, nostalgic rural life depictions, rounded, detailed world-building, pop culture references --ar 3:2

图 8-84

挑选一张图像进行微调，这里以第 4 张图像为例。❶单击“V4”按钮，如图 8-85 所示。在弹出的对话框中修改提示词，❷这里将“A car”修改为“A green truck”，表示将原始图像中的小汽车换成绿色的卡车，❸然后单击“提交”按钮，如图 8-86 所示。需要注意的是，因为是微调图像，所以提示词的修改幅度不能过大。

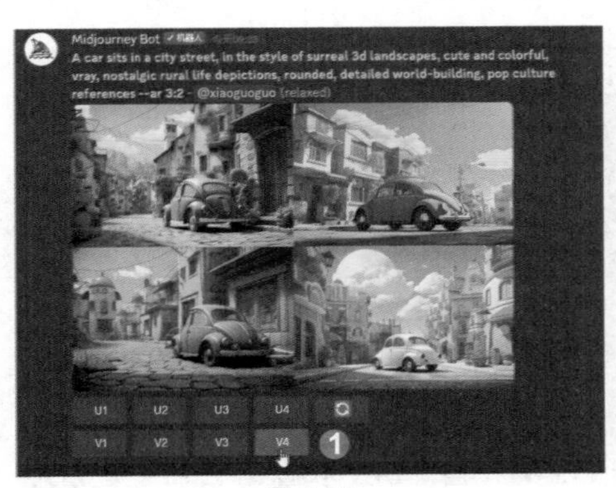

图 8-85

图 8-86

稍等片刻，Midjourney Bot会根据修改后的提示词生成一组变体图像，如图 8-87 所示。可以看到，变体图像主要对小汽车部分做了微调，而画面的整体构图、配色和背景没有太大变化。

图 8-87

使用 Remix 模式微调图像时，如果要修改后缀参数，则要注意只有部分参数会影响变体图像，详见表 8-2。

表 8-2

后缀参数	是否影响变体图像	后缀参数	是否影响变体图像
宽高比参数 --aspect（--ar）	是	图像相似度参数 --seed	否
随机变化参数 --chaos（--c）	否	图像完成度参数 --stop	是
图像提示词权重参数 --iw	否	艺术化程度参数 --stylize	否
排除元素参数 --no	是	无缝贴图参数 --tile	是

续表

后缀参数	是否影响变体图像	后缀参数	是否影响变体图像
图像质量参数 --quality（--q）	否	—	—

注：在 Remix 模式下，更改宽高比参数只会拉伸图像，不会扩展画布或添加缺失的细节。

08 用局部重绘功能修改图像的指定部分

局部重绘（Vary Region）功能可以对单张图像的局部进行重新绘制。如果将该功能与 Remix 模式联合使用，还能实现更加灵活的重绘效果。需要注意的是，局部重绘功能仅适用于 Midjourney 模型的 V5.0、V5.1、V5.2 版本以及 Niji 模型的 V5 版本。

先按照本章 07 节讲解的方法启用 Remix 模式，然后使用提示词生成一组穿着印花外套和短裤的模特图像，如图 8-88 所示。

> An Asian model wearing the monogram print coat and shorts, in the style of jacob hashimoto, white, dark red and light blue, women designers, intensely personal, high resolution, high quality --ar 2:3 --s 150

图 8-88

挑选一张图像进行局部重绘，这里以第 2 张图像为例。❶单击“U2”按钮，对图像进行放大重绘，如图 8-89 所示，❷在放大后的图像下方单击“Vary（Region）”按钮，如图 8-90 所示。

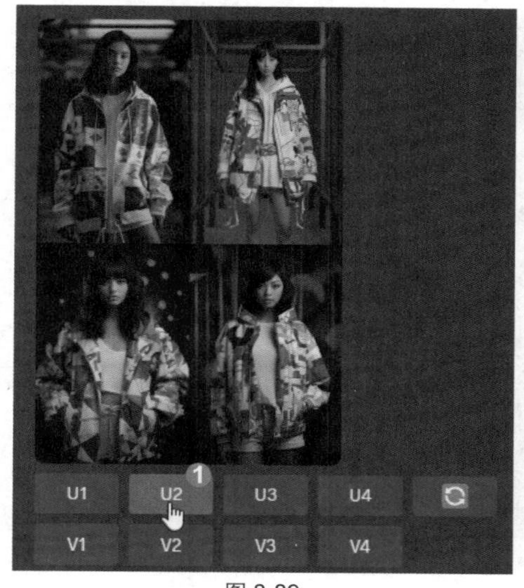

图 8-89

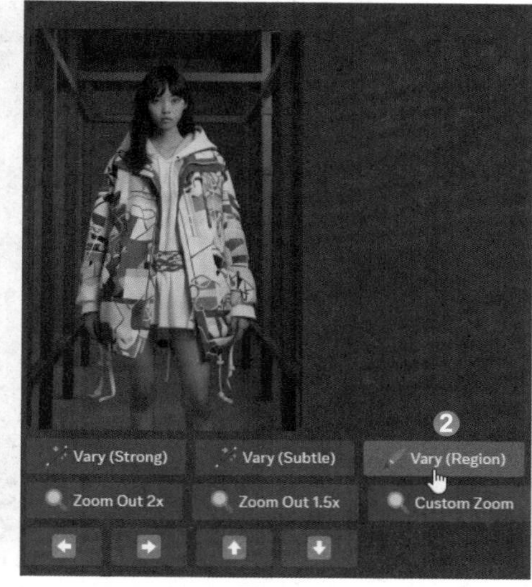

图 8-90

进入局部重绘界面。首先使用左下角的矩形选择工具或自由选择工具选择重绘区域。需要注意的是，重绘区域不宜过大或过小，建议占画面的 20%～50%。这里假设要修改模特所穿衣服的款式，❶单击左下角的矩形选择工具按钮，❷在图像上拖动鼠标，框选要修改的衣服部分，如图 8-91 所示。

图 8-91

❶在下方的文本框中输入描述衣服款式的提示词，如“a red long dress, crafted from the finest silk, adorned with intricate lace accents”（缀有精致蕾丝的红色丝绸长裙），❷单击右侧的“发送”按钮，如图 8-92 所示。

图 8-92

稍等片刻，Midjourney Bot 会根据新输入的提示词修改选定的区域，生成一组新的图像，效果如图 8-93 所示。可以看到模特原来穿着的印花外套和短裤被替换为红色蕾丝长裙。

图 8-93

提示

在局部重绘界面中选定一个区域后，无法编辑区域，但是可以单击左上角的“取消”按钮或按快捷键〈Ctrl+Z〉来撤销操作，然后重新进行选择。

用户可以多次单击一张放大图像下方的“Vary（Region）”按钮，尝试对这张图像进行不同方式的局部重绘。之前创建的重绘区域将被保留。用户可以继续增加区域，或使用“取消”按钮清除区域。

对于重新生成的图像，可以选择一张进行放大重绘，然后继续进行局部重绘。例如，为第 1 张图像中的模特戴上项链。对该图像进行放大重绘后，❶单击“Vary（Region）”按钮，如图 8-94 所示。进入局部重绘界面后，❷单击左下角的自由选择工具按钮，❸选中模特脖子下方的胸口区域，❹输入描述项链的提示词，如“a gold necklace with diamonds and pearl pendant”（镶钻、带珍珠吊坠的金项链），❺单击“发送”按钮，如图 8-95 所示。

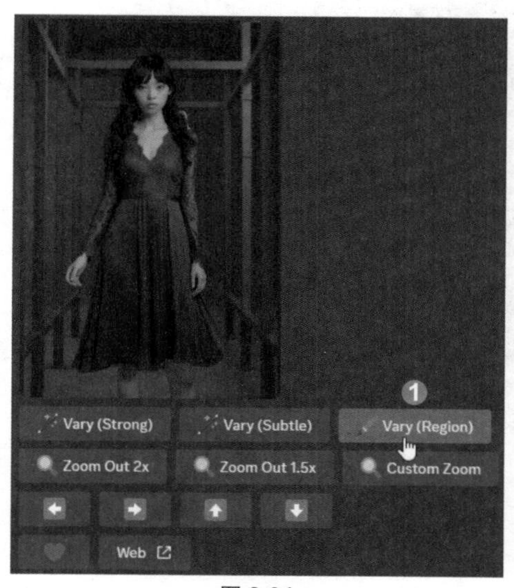

图 8-94

图 8-95

稍等片刻，即可看到局部重绘后生成的一组新图像，如图 8-96 所示。放大其中一张图像，可以清楚地看到模特颈部的项链，如图 8-97 所示。

图 8-96

图 8-97

局部重绘功能在电商主图设计、创意广告设计、运营海报设计、动漫场景设计、室内装饰设计等领域都有广泛的应用。图 8-98 和图 8-99 所示的案例展示了如何利用局部重绘功能按照客户要求更换室内装饰设计概念图中的沙发面料材质和颜色。

In a living room, a sofa upholstered in tan leather, a glass coffee table, pure colors, dreamlike atmosphere --ar 3:2

图 8-98

a sofa upholstered in a cotton-linen blend fabric, light blue --ar 3:2

图 8-99

第 9 章　让 AI 变身摄影大师

优秀的摄影作品往往是经验丰富的摄影师通过精心构思再配合专业的拍摄设备创作出来的。如今，AI 绘画工具的出现不仅让非专业人士也能轻松创作出专业级的摄影作品，而且为设计师准备设计素材开辟了一条便捷且低成本的途径。本章将探索如何利用 Midjourney 生成高质量的摄影图片和素材图片。

01 生成人像摄影图片

摄影类图片的提示词需要根据摄影题材的特点来编写。人像摄影以人物为主要拍摄对象，其首要创作目的是刻画和展现人物的相貌、神态、情绪等。因此，生成人像摄影图片的提示词需要以人物为中心展开构思，画面中的所有元素都要为塑造人物服务。

本案例要创作一名中国女孩的人像照片，主要的构思过程如下：

（1）首先构思人物的年龄、外貌和衣着，如 18 岁、留着长发、穿着夏装等。

（2）然后构思人物的性格和神态，如活泼开朗、表情俏皮等。

（3）接着构思人物所处的环境。为了烘托人物身上青春、阳光的气息，将环境设定为一片盛开着向日葵的花田。人物衣着的颜色也相应设定为与环境协调的色系，如黄色。

（4）最后构思拍摄的角度、景别、宽高比。这里选择的角度是侧面视角，以增加画面的空间感和立体感，选择的景别是呈现人物胸部以上部分的中近景，以同时表现人物的肢体动作和面部表情，选择的宽高比是传统人像摄影中广泛使用的竖幅 2∶3。

按照上述构思编写出的提示词如下：

> A cheerful Chinese girl, 18 years old, long hair, playful expression, wearing a yellow summer dress, standing in a sunflower field, surrounded by golden blooms, side view, chest shot --ar 2:3

生成的图像如图 9-1 所示。可以看到，人物和环境的真实感已经非常不错，但在细节上和实拍照片还存在一定差距。

图 9-1

为了让生成的图像更接近相机拍摄的效果，可以在提示词中添加描述摄影器材和摄影参数的关键词，包括相机型号、光圈大小、感光度、快门速度、分辨率等。这里设定相机型号为尼康 D850，光圈大小为 f/2，感光度为 ISO 600，快门速度为 1/200 s，分辨率为 8K，并添加“高清晰度”“丰富的细节”“真实照片”等关键词，进一步引导 AI 模型提高图像的真实度。修改后的提示词如下：

> A cheerful Chinese girl, 18 years old, long hair, playful expression, wearing a yellow summer dress, standing in a sunflower field, surrounded by golden blooms, side view, chest shot, Nikon D850, f/2, ISO 600, 1/200 s, 8K, high-definition, rich details, real photograph --ar 2:3

重新生成的图像如图 9-2 所示，其画面质感更加细腻，光影更加精致，浅景深带来的虚化背景丰富了画面的层次感，让人物更加突出。美中不足的是人物的整体形象较为大众化，缺乏个性，难以引发观者的情感共鸣。

图 9-2

接下来尝试将提示词中的景别更改为大特写，以突出表现人物的面部特点和表情，从而让观者能够更深入地感知人物的情绪和内心世界，与人物建立情感联系。修改后的提示词如下：

> A cheerful Chinese girl, 18 years old, long hair, playful expression, wearing a yellow summer dress, standing in a sunflower field, surrounded by golden blooms, side view, extreme close-up, Nikon D850, f/2, ISO 600, 1/200 s, 8K, high-definition, rich details, real photograph --ar 2:3

重新生成的图像如图 9-3 所示，其画面中背景所占比例减小，人物所占比例增大，刻画的重点变为人物的面部细节，人物的形象也变得更加灵动和富有个性。

图 9-3

提 示

人的生理结构非常复杂，肢体语言和情感又极其丰富和生动，因此，不管是传统绘画还是 AI 绘画，人物的刻画都是很大的挑战，用 AI 生成接近真实摄影效果的人像照片更是难上加难。在实践中，有时可能需要反复调整提示词并多次生成，才能获得理想的作品。

02 生成风光摄影图片

风光摄影以展现自然风光和人文景观之美为创作主题。相较于人像照片，使用 AI 绘画工具生成风光照片更为简单。只需要用提示词将创作意图描述清楚，就能得到不错的结果。

本案例要创作的是展现山林日出景象的风光照片，可大致按照画面内容和摄影技术参数这两个部分来构思提示词。

对于画面内容部分，因为是日出时分，所以画面整体色调设定为温暖的金黄色，画面中的景物设定为薄雾弥漫的山谷、郁郁葱葱的树木、宁静的湖泊等典型元素。

对于摄影技术参数部分，采用俯视的角度，以远景来展现广阔的视野，相机型号为佳能 EOS 5D Mark Ⅳ，搭配焦距范围 24～70 mm、光圈大小 f/2.8 的镜头，感光度为 ISO 100，快门速度为 1/250 s，宽高比为横幅的 3∶2。

按照上述构思编写出的提示词如下：

> Sunrise over a mountain forest, warm golden hues, misty valleys, lush greenery, tranquil lake, top view, full shot, Canon EOS 5D Mark IV, 24-70mm f/2.8 lens, ISO 100, 1/250 s, 4K, high-quality, vivid details --ar 3:2

生成的图像如图 9-4 所示。其光影层次十分丰富，几乎完美地再现了日出时分的美丽山林风光。

图 9-4

为了呈现更广阔的视野，可以把远景修改为超广角，并搭配 3∶1 的超宽画幅。修改后的提示词如下：

> Sunrise over a mountain forest, warm golden hues, misty valleys, lush greenery, tranquil lake, top view, ultra wide angle shot, Canon EOS 5D Mark IV, 24-70mm f/2.8 lens, ISO 100, 1/250 s, 4K, high-quality, vivid details --ar 3:1

重新生成的图像如图 9-5 所示。这些图像展现出明显的广角透视效果和足够宽广的视野。这种效果在传统摄影中需要使用焦距足够长的镜头才能拍出来，而现在借助 AI 绘画工具就能轻松实现。

图 9-5

03 生成动物摄影图片

动物摄影与人物摄影有些类似，以刻画动物为首要创作目的。

提示词构思的第一步自然是确定动物的品种，本案例要创作的是一只可爱的羊驼的照片。随后可以从羊驼的毛发特征、姿势和周围环境等方面入手进行构思，例如，羊驼的毛发为灰色和米色，它优雅地站在雪山的背景前，画面以极简主义风格呈现。

摄影技术参数设定为正面视角，使用尼康 Z9 相机拍摄，感光度为 ISO 200，快门速度为 1/640 s，宽高比为适合呈现站姿的竖幅 4∶5。

按照上述构思编写出的提示词如下：

> A cute alpaca, with gray and beige fur, elegant stance, set against a mountain backdrop with snow-capped peaks, front view, in the style of minimalist, Nikon Z9, ISO 200, 1/640 s, 8K, exquisite details --ar 4:5

生成的图像如图 9-6 所示，其逼真地表现了羊驼憨态可掬的形象和毛发的质感，同时通过运用浅景深虚化背景，突出了画面的主体。

图 9-6

如果不喜欢雪山的背景，也可以更改提示词中与环境相关的描述。例如，可以把羊驼所在的环境修改为一个绿色的牧场，牧场的草地上点缀着一些小花。修改后的提示词如下：

> A cute alpaca, with gray and beige fur, elegant stance, set against a green pasture backdrop adorned with some small flowers, front view, in the style of minimalist, Nikon Z9, ISO 200, 1/640 s, 8K, exquisite details --ar 4:5

重新生成的图像如图 9-7 所示。可以看到，羊驼所处的环境从冰天雪地切换成绿草如茵，而这一转变只需要动动手指就能实现。

图 9-7

传统动物摄影的挑战性之一在于动物的行为通常是不可预测和不可控的，摄影师需要进行长时间的观察和蹲守，才能捕捉到一个理想的动态瞬间。这样的问题在AI 绘画时代不复存在。例如，我们可以通过修改提示词，呈现两只羊驼在牧场上欢快地奔跑的场景。修改后的提示词如下：

> Two cute alpacas, with gray and beige fur, jumping happily, set against a green pasture backdrop adorned with some small flowers, front view, in the style of minimalist, Nikon Z9, ISO 200, 1/640 s, 8K, exquisite details --ar 5:4

需要注意的是，由于增加了羊驼的数量，为便于 AI 进行构图，将宽高比修改为横幅的 5∶4。重新生成的图像如图 9-8 所示。可以看到，两只羊驼的姿势呈现出一定的跑动效果，画面变得更加生动。

图 9-8

04 生成美食摄影图片

美食摄影旨在通过图像传达食物的美味和吸引力，引起观者的食欲和兴趣。本案例是为一家甜品店创作一款蜂蜜蛋糕的摄影图片，作为广告图的设计素材。

一开始可能没有创作灵感，可以先用简略的描述进行尝试。例如，生成放在桌子上的一块蜂蜜蛋糕的图像，相应的提示词如下：

> A slice of honey cake on the table

生成的图像如图 9-9 所示，其突出表现了淋在蛋糕表面的蜂蜜的光泽，以让人产生品尝的欲望。然而，由于提示词的描述不够详细，AI 模型对蛋糕外观的展现过于“传统”和“家常”，缺乏营销的记忆点。

图 9-9

在当今这个视觉营销时代，“颜值”已成为口味、价格、服务等传统因素之外吸引消费者的新兴手段。为了让这款蛋糕具备成为“网红”的潜质，需要在它的外观造型上花些心思。因此，继续在提示词中添加关于蛋糕的造型和装饰元素的详细描述。例如，蛋糕是矩形的，三层结构，颜色为浅黄色和浅米色，顶部有两只鸭子造型的翻糖装饰。修改后的提示词如下：

> A rectangular slice of honey cake on the table, three-layered structure, light yellow and light beige, adorned with a fondant topper featuring two ducks

重新生成的图像如图 9-10 所示。可以看到蛋糕的顶面装饰借鉴了“网红”小黄鸭的造型，以吸引年轻顾客前来“拍照打卡”。

图 9-10

为了让图像更接近相机实拍的效果，可以在提示词中添加摄影技术参数的描述。例如，使用适马 85 mm 相机拍摄，光圈大小为 f/1.4，感光度为 ISO 100。此外，还可以用“食品摄影”“照片级真实感”“清晰焦点”“细节丰富”“高画质”等关键词来引导 AI 模型提高图像的逼真度。为了给后期的广告图设计排版留下余地，将宽高比修改为横幅的 3∶2。修改后的提示词如下：

> A rectangular slice of honey cake on the table, three-layered structure, light yellow and light beige, adorned with a fondant topper featuring two ducks, Sigma 85 mm f/1.4, ISO 100, food photography, photorealistic, clear focus, rich in details, high quality --ar 3:2

重新生成的图像如图 9-11 所示。可以看到这些图像的细节、色彩、明暗层次与相机实拍效果几乎相同。

图 9-11

选择一张最满意的图像，利用 Photoshop 等图像编辑软件在图像上添加广告文案，就能得到一张非常不错的广告图，效果如图 9-12 所示。

图 9-12

05 生成空置场景图片

将商品放置在特定的场景中进行展示，可以唤起消费者的代入感和购买欲。借助 AI 绘画工具可以生成各式各样的空置场景图片，满足不同类型商品的展示需求。

◆ 室内家居场景

室内家居场景适合展示家具、床上用品、厨具、家用电器等日常居家用品。先来创作一组卧室场景图：卧室的一角，有一张空床头柜，白色的墙壁，自右上方射入的光线投下斑驳的光影，画面的主色调为浅米色和白色，效果如图 9-13 所示。

Home scene, corner of the bedroom, an empty bedside table, front view, white wall, light coming in from the upper right, dappled light and shadow, light beige and white, central composition, simple background, high-definition, ultra-detailed, high-resolution

图 9-13

接着创作一组餐厅场景图：画面聚焦于餐厅一角的吧台台面，主色调为浅黄色和浅绿色，摄影风格为类似爱克发 Clack 相机的写实细节风格，整体氛围宁静平和，效果如图 9-14 所示。

> Home scene, corner of the dining room, close-up focus on the countertop of the bar, light yellow and light green, Agfa Clack style, peaceful atmosphere, realistic ultra-details, 8K

图 9-14

◆ 室外自然生态场景

室外自然生态场景适合展示有机食品、保健品、化妆品、户外运动用品等商品。下面使用 AI 绘画工具创作两组典型的室外自然生态场景图：森系场景图和冬日雪景图。

森系场景图的效果如图 9-15 所示。其画面以具有自然气息的元素为核心，如森林、树木、植物等，其目的是让观者联想到生态、有机、健康、环保等概念。此外，蓝天和阳光等元素可以营造温暖、明亮、积极的氛围，岩石和木材等元素可以带来自然、舒适的纹理和颜色，为整体场景注入生机。在摄影技术方面，柔焦效果是为了创造梦幻、柔和、舒缓的意境，空灵的光线则是为了增加神秘感和艺术感，为作品渲染清新脱俗的气质。

> Empty background product photography, forest, blue sky, sunlight, plants and trees on rocks, wood, soft focus, ethereal light, detailed, miniature, HD, 8K

图 9-15

冬日雪景图的效果如图 9-16 所示。其画面展现了冬季冰冻的湖泊，湖面微微泛起的涟漪为画面增添了生动感，积雪的存在不仅突出了冬季的氛围，还为画面增加了清新和纯净的感觉，石块则用于为画面增加一些独特的纹理。

> Product photography with empty background, winter season, frozen lake with some ripples, snow, some stones surface on the lake, soft and dreamy depictions, realistic light details, shot with a Nikon camera, super realistic details, ultra-high definition, 8K

图 9-16

◆ 展台场景

展台不仅能为商品提供稳定的支撑，而且能将商品与周围的环境隔离开来，从而避免干扰，提高商品展示的效果。

展台的设计既要简洁明了，以免抢了商品的“风头”，又不能过于单调，可以合理运用纹理、颜色和形状来增加设计的丰富度。展台的设计还要与商品的颜色、形状和风格协调，确保不会与商品的整体形象产生冲突，而是能够为商品提供合适的背景。如果是针对特定品牌的商品展示，那么展台设计还应与品牌的整体风格一致，以塑造完整的品牌形象。

展台的设计还要考虑表面材质对光线的反射和吸收情况，确保展台能够反射光线，使商品更为明亮，同时避免强烈的反光和阴影。

下面使用 AI 绘画工具创作一些简洁、清爽的展台场景图。先创作一个圆形展台的场景，背景为抽象几何形状的石膏板，有阳光的反射形成的光影，整体风格融合了波希米亚风格、简约、优雅、现代建筑等关键词，效果如图 9-17 所示。

> Product photography, platform display scene, round flat podium, abstract geometric plaster background, sunlight reflection, Bohemian style, minimalist, elegant, modern architecture, hyper-realistic

图 9-17

然后对展台的形状、画面的整体风格进行调整。例如，将展台的形状更改为方形，画面色调更改为浅黄色，效果如图 9-18 所示。

> Product photography, platform display scene, square flat podium, abstract geometric plaster background, sunlight reflection, light yellow style, minimalist, elegant, modern architecture, hyper-realistic

图 9-18

最后，挑选一张场景图，利用 Photoshop 等图像编辑软件在其中添加合适的商品图像，即可得到模拟实拍的商品主图，如图 9-19 所示。

图 9-19

第 10 章　让 AI 变身平面设计师

平面设计是在二维平面上进行的综合性创意工作，它运用图形、图像、文字、色彩、布局等元素来传递信息、表达思想。AI 工具可以帮助平面设计师快速获取创意灵感、生成设计草图或设计原型，从而大幅提高工作效率。本章将探索 Midjourney 等 AI 工具在常见的平面设计工作场景中的应用，包括品牌徽标设计、产品海报设计、产品包装设计、公益插画设计等。

01 品牌徽标（logo）设计

徽标（logo）是品牌形象不可或缺的一部分，它通过简洁而独特的设计传达品牌的核心理念和价值观。一个成功的徽标设计应该具备简洁、易识别、易记忆等特点。本案例要为一家教育培训机构设计徽标。

首先要确定徽标的主题，可以从机构的业务范围、价值观、目标市场、品牌理念等方面展开联想。如果一时没有灵感，可以向 AI 大语言模型求助（参见第 3 章 07 节）。这里利用文心一言从这家机构的业务范围出发给出创意的建议，示例对话如下：

我需要为一家教育培训机构设计徽标，请帮我联想一些与这家机构的业务范围相关的图案和符号。

在设计教育培训机构的徽标时，可以考虑与教育、学习和成长相关的元素。以下是一些建议的图案和符号：

（1）书本：象征学习和知识。

（2）笔：象征写作、创造和思考。

（3）学士帽：象征学术的气氛和教育的成就。

（4）树或芽：象征成长、发展和新的可能性。

（5）大脑：象征智慧和思维。

…………

从文心一言的建议中选择书本作为徽标的主题，然后就可以编写 Midjourney 的提示词了，其中需要有与徽标设计相关的关键词，如“logo design”。初步得到的提示词如下：

Book, logo design

生成的图像如图 10-1 所示。因为提示词的描述过于简单，所以这些图像更接近写实风格，不符合徽标设计在简洁性方面的要求。

图 10-1

因此，接着在提示词中添加与简洁的设计风格相关的关键词，如图标风格、极简主义、简单线条、浅灰色背景等。修改后的提示词如下：

Book, logo design, icon style, minimalism, simple line, light gray background

重新生成的两组图像分别如图 10-2 和图 10-3 所示，其已经比较接近徽标的视觉效果了。

图 10-2

图 10-3

利用权重切分符“::”（参见第 6 章 03 节）进一步增大关键词“图标风格”的权重，让 AI 模型更加关注这个核心理念。修改后的提示词如下：

Book, logo design, icon style ::2 minimalism, simple line, light gray background

重新生成的两组图像分别如图 10-4 和图 10-5 所示，其已经是非常标准的徽标效果，具有较高的设计参考价值，如果直接使用也是没有太大问题的。

图 10-4

图 10-5

最后，从上述图像中选择两张满意的图像，添加品牌名称等文案，品牌徽标的设计工作就完成了，效果如图 10-6 和图 10-7 所示。

图 10-6

图 10-7

02 产品海报设计

产品海报的主要作用是传递产品信息、塑造品牌形象、激发购买欲望、促进产品销售等。在设计产品海报时合理运用 Midjourney 等 AI 绘画工具可以提高效率并降低成本，这对于那些缺乏广告预算的小微企业来说具有重要的实际意义。

用 Midjourney 设计产品海报主要有两种方法：无参考式设计和有参考式设计。下面分别使用这两种方法完成一款面部精华液的产品海报的概念设计。

◆ 无参考式设计

无参考式设计是指设计师不参考他人的作品，自己构思画面的内容和风格。提示词的编写可以循序渐进地进行，从粗略到详细，逐步调整和完善。

产品海报的主体自然是产品，因此，提示词首先要描述产品本身。假设本案例中的面部精华液还处于产品开发的早期阶段，包装设计尚未定型，在提示词中可以只做最基本的描述，如“一瓶面部精华液”。此外，还可以使用关键词“产品摄影”引导 AI 模型着力呈现一个清晰、专业、吸引人的产品形象。初始提示词如下：

> A bottle of facial essence, product photography

生成的图像如图 10-8 所示。可以看到，因为提示词只对主体进行了简单描述，所以 AI 模型在色调、陪体、环境氛围等方面进行了自由发挥，但这组图像可以帮助我们确定设计方向并细化提示词。例如，第 1 张图像的主色调为清爽、干净的蓝色，营造出水润、透亮的视觉感受，符合产品的调性。这张图像还将产品置于水下拍摄，并使用水流、水珠等作为陪体，这些元素可以让人联想到“补水”“润泽”“滋养”等关键词，形象地传达了产品的功效。

图 10-8

根据从上述图像获得的灵感细化提示词，添加对色调、风格、环境氛围、陪体等方面的描述。修改后的提示词如下：

> A bottle of facial essence, product photography, pure blue, in the style of ethereal beauty, underwater world atmosphere, water flow, organizational movement, radial clusters, white background

上述提示词将色调设定为“纯净的蓝色”，整体风格设定为“空灵的美感”，以增加轻盈和飘逸的感觉，环境氛围设定为“水下世界”，以增加沉浸感，添加的陪体是“水流”，其呈现“组织性运动”和“放射状聚集”的状态，以增加动感和生动性。重新生成的图像如图 10-9 所示，其将水的纯净与产品的优雅完美融合，带给观者水润透亮、清新脱俗的视觉感受。

图 10-9

接下来尝试在提示词中添加一些与产品摄影技术参数相关的描述，如两点透视、焦距、光圈等，以更专业地呈现产品。修改后的提示词如下：

> A bottle of facial essence, product photography, pure blue, in the style of ethereal beauty, underwater world atmosphere, water flow, organizational movement, radial clusters, white background, two point perspective, 35 mm, f/1.2

重新生成的图像如图 10-10 所示，其中的产品形象变得更加突出。

图 10-10

最后，尝试更改图像的宽高比。例如，将宽高比更改为能在移动设备上提供最佳视觉体验的 3∶4。修改后的提示词如下：

> A bottle of facial essence, product photography, pure blue, in the style of ethereal beauty, underwater world atmosphere, water flow, organizational movement, radial clusters, white background, two point perspective, 35 mm, f/1.2 --ar 3:4

重新生成的图像如图 10-11 所示。可以看到，这些图像无论是细节还是光影层次都非常不错。

图 10-11

分别选择一张宽高比为 1∶1 和一张宽高比为 3∶4 的图像，添加广告文案，就得到了两张产品海报，如图 10-12 和图 10-13 所示。

图 10-12

图 10-13

◆ 有参考式设计

有参考式设计是指先收集一些优秀的设计作品作为参考图，然后利用 Midjourney 的“/describe”命令分析参考图，反推出提示词，再结合自身需求修改提示词，设计出与参考图风格类似的作品。

“/describe”命令的用法详见第 8 章 04 节，这里不再赘述。图 10-14 所示为找到的参考图，用“/describe”命令反推出 4 段提示词后，直接使用这些提示词生成图像，分别如图 10-15 ～图 10-18 所示。通过对比可以看出，使用第 1 段提示词生成的图像在构图、色调和背景方面与参考图最为接近。

图 10-14

> a bottle of flower perfume sitting on the edge of a green tank, in the style of soft mist, forestpunk, happycore, tondo, nature’s wonder, refined elegance, mist --ar 103:128

图 10-15

> chlorophyll and orchid herbal floral scented eau de toilette, in the style of tonist, nostalgic imagery, tondo, pastoral nostalgia, sparkling water reflections, mingei, forced perspective --ar 103:128

图 10-16

> a bottle of oil sitting on top of plants, in the style of light aquamarine and gold, toraji, metropolis meets nature, made of mist, iconic, hannah flowers, white and emerald --ar 103:128

图 10-17

> new products from shane&shame flora botanical travel spray, in the style of xiaofei yue, tranquil gardenscapes, emerald, made of mist, captures the essence of nature, tomàs barceló, sparkling water reflections --ar 103:128

图 10-18

提示

如果不太明白“/describe”命令反推出的提示词的含义，可以利用翻译工具将提示词翻译成自己熟悉的语言来帮助理解，或者利用 AI 大语言模型解析提示词所描述的画面内容或创作意图。

接下来以第 1 段提示词为基础，根据实际需求进行修改。例如，将香水修改为面部精华液，将宽高比修改为 3∶4。修改后的提示词如下：

> a bottle of facial essence sitting on the edge of a green tank, in the style of soft mist, forestpunk, happycore, tondo, nature’s wonder, refined elegance, mist --ar 3:4

重新生成的图像如图 10-19 所示，其在构图、色调和背景方面与参考图都比较接近。

图 10-19

选择自己喜欢的两张图像，利用 Photoshop 等图像编辑软件添加广告文案，产品海报就设计完成了，效果如图 10-20 和图 10-21 所示。

图 10-20

图 10-21

03 产品包装设计

产品包装设计是以吸引消费者为目的，对产品进行包装和展示的过程，主要步骤通常包括产品分析、概念设计、原型制作、最终修订等。根据产品的复杂程度，这个过程可能需要数周甚至数月的时间，而现在利用 Midjourney 辅助产品包装设计，可显著提高工作效率。

提示词是使用 Midjourney 开展创作的关键。但是，如果直接用文本提示词生成产品包装设计图，AI 模型的随机性有可能导致设计结果存在结构缺陷。为了提高设计图的稳定性和质量，可以采用“图像提示词＋文本提示词”的创作方式（参见第 8 章 02 节）。

先根据产品的类型和特点，寻找一张合适的参考图，如图 10-22 所示，然后在 Discord 中上传参考图并复制图像链接，得到图像提示词。

图 10-22

接着在图像提示词之后输入文本提示词，描述产品内容和包装类型，如草莓干、袋装设计。完整的提示词如下：

> https://s.mj.run/0ebO_kSFJjA Dried strawberries, bagged design

生成的图像如图 10-23 所示。可以看到，包装袋的整体结构与参考图非常接近，但是由于文本提示词只简单描述了主体，AI 模型自行设计了包装袋图案，其风格不太符合预期。

图 10-23

因此，接下来需要根据自己期望实现的包装袋图案设计效果修改提示词。例如，将包装袋图案设定成俏皮的插画风格，以自然景观为主题，整体色调为浅白色和深橙色。修改后的提示词如下：

> https://s.mj.run/0ebO_kSFJjA Dried strawberries, bagged design, in the style of playful illustrative style, natural landscape, light white and dark orange

重新生成的图像如图 10-24 所示。可以看到，包装袋图案的设计基本都符合提示词中描述的风格。

图 10-24

为了进一步提高图像的品质，在提示词中添加有助于引导 AI 模型优化图像细节的关键词，如工作室拍摄、真实照片效果、丰富的纹理、高级感、高清、8K 分辨率等。修改后的提示词如下：

> https://s.mj.run/0ebO_kSFJjA Dried strawberries, bagged design, in the style of playful illustrative style, natural landscape, light white and dark orange, studio shot, real photo, textured, high grade, HD, 8K

重新生成的图像如图 10-25 所示。可以看到，包装袋的结构和图案的整体设计效果都非常不错，只是由于 AI 绘画工具不擅长渲染文字，包装袋上的文字大部分有误。

图 10-25

最后利用 Photoshop 等图像编辑软件修改图像上的文字，并添加品牌徽标（可参考本章 01 节进行徽标设计），一张产品包装设计图就制作完成了，如图 10-26 所示。

图 10-26

04 公益插画设计

插画源自为书籍绘制的插图，如今已发展为现代设计中一种重要的视觉传达形式，其风格丰富多样，并且可以在各种场合和媒体中使用，包括商业活动、文化活动、公益事业、印刷媒体、网络媒体等。传统插画依赖设计师手工绘制，不仅费时费力，还要求设计师具备扎实的美术功底，熟悉不同风格的绘画技法。现在有了 AI 绘画工具的帮助，设计师不需要具备深厚的美术功底，也能轻松高效地制作出专业水准的插画作品。

本案例要使用 Midjourney 创作一幅母亲节主题的公益插画，那么提示词中必须有关键词"illustration"，否则生成的图像很有可能是写实风格，而不是插画风格。初始提示词如下：

```
Mother's Day theme illustration --ar 2:3 --s 800 --v 5.0
```

生成的图像如图 10-27 所示，可以看到 AI 模型准确地理解了母亲节的主题，描绘了一位母亲抱着孩子的温馨场景。

图 10-27

接下来根据自己预期的效果在提示词中添加对画面内容的详细描述。例如，一位慈祥的母亲坐在椅子上，手捧花束，周围是拿着贺卡和礼物的孩子们。修改后的提示词如下：

> Mother's Day theme illustration, a benevolent mother, sitting in a chair, holding a bouquet, surrounded by children with greeting cards and gift boxes --ar 2:3 --s 800 --v 5.0

重新生成的图像如图 10-28 所示，其适当突出了母亲的形象，并且增加了人物之间的互动，让画面更加生动。

图 10-28

为了让图像更专业、更有设计感，还可以在提示词中引入知名插画师的关键词。例如，荷兰插画师 Bodil Jane（博迪尔·简）擅长创作以女性为主题的作品，画作中的人物平易近人，其风格与本案例的主题十分契合。引入该插画师风格后的提示词如下：

> Mother's Day theme illustration, a benevolent mother, sitting in a chair, holding a bouquet, surrounded by children with greeting cards and gift boxes, in the style of Bodil Jane, professional design, unique color palette, perfect details, 4K --ar 2:3 --s 800 --v 5.0

重新生成的图像如图 10-29 所示，其色彩搭配变得更加个性化。

图 10-29

从上述图像中挑选一张自己喜欢的图像，利用 Photoshop 等图像编辑软件添加合适的文案，就得到了一幅插画风格的母亲节宣传海报，如图 10-30 所示。

点亮生命之光
HAPPY
MOTHER'S
DAY
她对我们的爱
倾尽一生
我们对她的感激
何止今天
感恩母亲节
GRATEFUL MOTHER'S DAY
母/亲/节/快/乐
MOTHERS DAY

图 10-30

第 11 章　让 AI 变身产品设计师

产品设计通过分析和理解用户需求，并结合技术手段来创造和设计出满足用户需求的产品。传统的产品设计流程包括草图绘制、模型搭建、效果图渲染等步骤。本章将探索 Midjourney 在家具、鞋子、箱包等产品的效果图设计方面的应用。

01 高端沙发设计

在家具设计中合理运用 AI 绘画工具，可以生成多种风格和形式的设计效果图，高效地确定设计方向。本案例将使用 Midjourney 创作一款沙发的设计效果图。

首先生成一套不限定设计风格的沙发图像，相应的提示词如下：

> A set of sofas

生成的图像如图 11-1 所示。可以看到 AI 模型的“想象力”比较丰富，但是这也导致有些沙发的款式和颜色搭配不符合大众审美。因此，有必要根据沙发的用途、定位、所在的空间环境、目标用户群体的偏好等，明确地定义设计的风格和方向。

图 11-1

在提示词中添加后现代风格、低调奢华、实用主义等关键词来确定沙发的设计风格和方向，修改后的提示词如下：

> A set of sofas, post-modern style, understated luxury, pragmatism, detailed display

重新生成的图像如图 11-2 所示，其中的沙发在款式和颜色搭配上更符合当下主流的家居美学风潮。

图 11-2

为了保证设计效果的统一性和协调性，还需要对颜色搭配进行限定。例如，在提示词中添加浅灰色和金色风格、白色亚光背景等配色相关的关键词，修改后的提示词如下：

> A set of sofas, post-modern style, understated luxury, pragmatism, detailed display, light gray and golden style, white matte background

重新生成的图像如图 11-3 所示。浅灰色和金色的搭配为沙发赋予了一种优雅而高贵的质感，白色亚光背景的运用营造了一个明亮而简洁的展示空间，整体的视觉效果更加典雅。

图 11-3

为了避免繁杂的环境元素和背景元素干扰沙发的展示，添加极简主义的关键词。此外，还可以添加一些有助于提升画质的关键词，如 Bryce 3D 软件渲染、最佳质量、丰富细节、8K 等。修改后的提示词如下：

> A set of sofas, post-modern style, understated luxury, pragmatism, detailed display, light gray and golden style, white matte background, minimalism, Bryce 3D rendering, best quality, high details, 8K

重新生成的图像如图 11-4 所示。这些图像均采用极简的表现方式，尽量去除了环境元素和背景元素，突出了作为主体的沙发。此外，画质的提升也更清晰地展现了沙发的每一个细节。

图 11-4

对提示词稍加修改，尝试一些其他风格的沙发设计。图 11-5 和图 11-6 所示分别为地中海风格和中式风格的沙发设计效果图。

A set of sofas, Mediterranean style, understated luxury, pragmatism, detailed display, light blue and orange, white matte background, minimalism, Bryce 3D rendering, best quality, high details, 8K

图 11-5

A set of sofas, Chinese style, understated luxury, pragmatism, detailed display, brown and dark brown, white matte background, minimalism, Bryce 3D rendering, best quality, high details, 8K

图 11-6

提示

为了确保生成的图像符合预期，不可避免地需要多次修改提示词。这对用户的提示词提炼能力是一个很大的挑战。如果发现自己编写的提示词始终难以达到预期的效果，也可以使用 AI 绘画工具的“以图生图”或“以图生文”功能，借助参考图来降低提示词的编写难度。

02 酷炫运动鞋设计

鞋子除了能保护脚部免受外界伤害以外，更是表达个性和时尚品味的方式。总体来说，鞋子的设计需要根据鞋子的类型，从颜色、材质和款式等方面进行考虑。本案例将使用 Midjourney 创作一款男式运动鞋的设计效果图。

首先，提示词中要描述鞋子的类型。鞋子的种类繁多，表 11-1 列举了一些常见类型鞋子的关键词，其中运动鞋为“sports shoes”。

表 11-1

关键词	说明	关键词	说明	关键词	说明
leather shoes	皮鞋	high heels	高跟鞋	slippers	拖鞋
canvas shoes	帆布鞋	boat shoes	船鞋	boots	靴子
sports shoes	运动鞋	sandals	凉鞋	rain boots	雨鞋
casual shoes	休闲鞋	crocs	洞洞鞋	Dr. Martens boots	马丁靴

知道了如何描述鞋子的类型后，编写出如下所示的提示词：

> Shoes design, product image, white background, a single men’s sports shoe

上述提示词设定绘图的类型为“鞋子设计”和“产品图像”，引导AI模型以专业和引人注目的方式展示鞋子的整体外观和细节，设定背景为白色，以排除干扰元素，设定只展示一只运动鞋，以简化画面的内容。生成的图像如图11-7所示。因为提示词中没有描述鞋子的颜色、材质、款式等，所以这些图像中的鞋子差异很大，整体设计效果也比较普通。

图 11-7

接下来继续完善提示词，添加关于颜色的描述。例如，鞋子主体的颜色为白色，加入少量冰绿色和蓝色的渐变颜色作为点缀。修改后的提示词如下：

Shoes design, product image, white background, a single men's sports shoe, main body white, with a little ice green and blue, gradient color

重新生成的图像如图 11-8 所示，鞋子的整体设计效果变得时尚和富有活力。

图 11-8

继续在提示词中添加关于材质和造型细节的描述。例如，鞋面为防水材质，鞋底为硅胶材质，并设计有一些小圆孔。修改后的提示词如下：

Shoes design, product image, white background, a single men's sports shoe, main body white, with a little ice green and blue, gradient color, waterproof material upper, silicone sole with some small round holes

重新生成的图像如图 11-9 所示，鞋子的外观造型传达出舒适、透气的穿着感受。

图 11-9

如果希望在鞋子的设计中融入一些前卫元素，可以在提示词中将鞋子的设计风格设定为超未来主义。此外，为了展现更真实的光影和材质效果，可以在提示词中添加 Octane 引擎渲染、逼真、超高质量、丰富细节等关键词。修改后的提示词如下：

> Shoes design, product image, white background, a single men's sports shoe, main body white, with a little ice green and blue, gradient color, waterproof material upper, silicone sole with some small round holes, hyper futurism, Octane rendering, realistic, hyper quality, high details

重新生成的图像如图 11-10 所示，鞋子的外观造型变得更加新颖，富有科技感和未来感。

图 11-10

03 复古双肩包设计

箱包的设计与鞋子的设计类似，也需要从其类型、材质、款式、制作工艺等方面进行考虑。本案例将使用 Midjourney 创作一款女式双肩包的设计效果图。表 11-2 列举了一些常见类型箱包的关键词，其中双肩包为“backpack”。

表 11-2

关键词	说明	关键词	说明	关键词	说明
wallet	钱包	cosmetic bag	化妆包	tote bag	托特包

续表

关键词	说明	关键词	说明	关键词	说明
waist bag	腰包	briefcase	公文包	bucket bag	水桶包
handbag	手提包	crossbody bag	斜挎包	backpack	双肩包
clutch bag	手抓包	messenger bag	邮差包	suitcase	旅行箱

知道了如何描述箱包的类型后，编写出如下所示的提示词：

> Backpack design, product image, white background, women’s vintage backpack

上述提示词将双肩包的设计风格设定为复古风格。生成的图像如图 11-11 所示，这几款双肩包在装饰图案设计上均采用了复古元素。

图 11-11

箱包的材质可根据目标用户群体的需求和喜好来选择。假设本案例中这款双肩包的目标用户群体是都市白领女性，可将材质设定为牛皮，以满足该群体对品质和实用性的追求。修改后的提示词如下：

> Backpack design, product image, white background, women's vintage backpack with cowhide texture

重新生成的图像如图 11-12 所示。这几款双肩包的装饰图案采用了更简洁的设计，以突显牛皮材质的独特纹理。

图 11-12

箱包的制作工艺需要根据设计理念、产品用途和材质来选择。表 11-3 列出了一些常用的描述箱包制作工艺的关键词。

表 11-3

关键词	说明	关键词	说明	关键词	说明
dyeing	染色	decoupage	贴花	weaving	编织
hand-painting	手绘	printing	印花	stitching	缝制

续表

关键词	说明	关键词	说明	关键词	说明
patchwork	拼接	carving	雕刻	jeweled embellishments	珠宝装饰
embroidery	刺绣	engraving	刻印	ceramic embellishments	陶瓷装饰
embossing	浮雕	leather tooling	皮革雕花	metal hardware	金属配件

例如，想在双肩包上融合凡·高艺术风格的装饰图案，并采用浮雕工艺制作。修改后的提示词如下：

> Backpack design, product image, white background, women's vintage backpack with cowhide texture, Van Gogh style decorative motifs, embossed craftsmanship

重新生成的图像如图 11-13 所示。这几款双肩包将富有凡·高艺术风格的装饰图案与浮雕工艺巧妙地结合在一起，突显了产品的质感和设计的独特性。

图 11-13

继续尝试其他材质、装饰图案和制作工艺。例如，将材质更改为尼龙，装饰图案更改为梅花，制作工艺更改为刺绣，整体色调设定为淡粉色。修改后的提示词如下：

> Backpack design, product image, white background, women's vintage backpack with nylon texture, several branches plum blossoms, embroidery craftsmanship, light pink

重新生成的图像如图 11-14 所示。这几款双肩包的设计散发出淡淡的中式古典风情，并且更有手工质感，更容易吸引喜欢中国风元素的消费者。

图 11-14

第 12 章 让 AI 变身建筑设计师

建筑设计不仅是创造美的过程，更是融合功能、结构和文化的艺术表达。设计师们不仅需要具备敏锐的审美观，还需要深入了解空间规划、结构工程、可持续发展等多方面知识。

目前，AI 绘画工具在建筑设计领域的应用主要是在设计流程的早期阶段快速生成概念草图和效果图，为设计师提供创意灵感或美学方面的目标。本章将探索 Midjourney 在建筑效果图设计方面的应用。

01 室内空间设计

风格的统一性是建筑设计中非常重要的一个方面，它有助于强化品牌形象和传达设计理念。本案例将使用 Midjourney 为一家图书馆创作一系列风格统一的室内空间设计效果图。

在 Midjourney 中有多种方法可以维持图像风格的统一性和连续性，这里选择的方法是“图像提示词＋种子编号”。假设我们的设计构想是图书馆内陈列着许多书籍和书架，有一个螺旋楼梯，整体色调为浅褐色和米色，采用木框架结构，设计灵感来自自然，线条形式是流畅的曲线。编写出的文本提示词如下：

> A library, displaying many books and bookshelves, a spiral staircase, light brown and beige, timber frame construction, nature-inspired, smooth and curved lines, site-specific, super lifelike, UHD, meticulous design --ar 3:2 --v 5.2

生成的图像如图 12-1 所示。

图 12-1

假设对第 3 张图像的设计效果感到满意，想要以它为参考图生成一系列风格统一的图像。单击“U3”按钮，对这张图像进行放大重绘。将鼠标指针放在放大后的图像上，在右上角的浮动工具栏中单击“更多”按钮⋯，在展开的菜单中执行“APP > DM Results”命令，如图 12-2 所示。查看 Midjourney Bot 发来的私信，找到这张图像的种子编号，如图 12-3 所示。

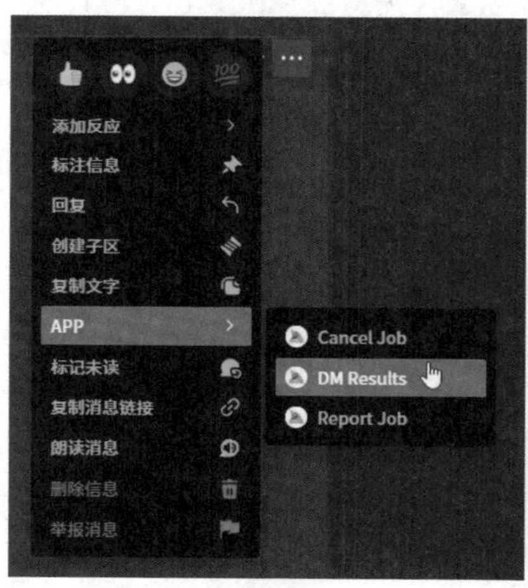

图 12-2

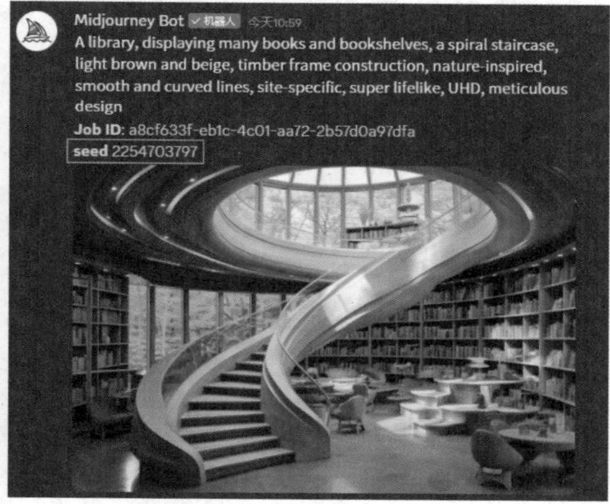

图 12-3

单击图像缩览图，放大显示图像，再单击图像左下角的“复制垫图网址（自动加逗号）”链接，如图 12-4 所示。

图 12-4

随后在“prompt”框中会显示对应的图像链接（即图像提示词），并在链接后面自动添加逗号，用于分隔图像提示词和文本提示词。在逗号后面输入文本提示词，这里输入与源图像相同的文本提示词，并用参数 --seed 引入之前获取的种子编号，如图 12-5 所示。

图 12-5

输入完毕后按〈Enter〉键发送。稍等片刻，就会生成一组与参考图的风格非常接近的设计效果图，如图 12-6 所示。

图 12-6

02 室内装饰设计

在室内装饰设计中，设计风格的选择至关重要。恰当的设计风格不仅能创造实用和舒适的居住环境，而且能表达居住者的个性和品味。使用 AI 绘画工具进行室内装饰设计时，可通过设定主色调和软装布局（如家具、灯具、布艺、装饰画、绿植等），生成特定风格的设计效果图，从而帮助设计师以快捷而直观的方式与客户进行需求沟通。本案例将使用 Midjourney 生成不同风格的室内装饰设计效果图。

◆ 现代风格

现代风格的室内装饰设计以简洁、线条流畅为特点，强调功能性和实用性；通常采用黑、灰、白等中性色调；装饰和家具采用简洁的设计；空间布局通常为开放式，以提高通透感和灵活性；注重光线的利用，常采用大窗户，使整个空间明亮开阔。

例如，想要呈现一间现代风格的客厅，整体采用白色和浅灰色的配色方案，墙面为白色大理石，配有沙发、桌子和椅子。相应的提示词如下：

> Interior design, modern style, an elegant living room, white and light gray color scheme, white marble wall panels, sofas, tables and chairs, light-filled scenes, volume light, super realistic, high quality --ar 3:2 --s 750 --v 5.2

生成的图像如图 12-7 所示。

图 12-7

◆ 欧式风格

欧式风格的室内装饰设计受到欧洲传统和古典艺术的影响，以豪华和典雅为特点；常采用金色、棕色、红色等暖色调，以营造奢华的氛围；空间布局注重对称和平衡，家具和装饰物经常呈镜像对称或轴对称排列；注重材质的质感，如大理石、实木等；家具和建筑元素注重细节和装饰，常采用精致的装饰性雕刻和繁复的花纹图案，如浮雕、镂空雕花、石膏装饰、镀金和彩绘等；常见的装饰元素包括地毯、大型油画、壁画、水晶吊灯等。

例如，想要呈现一间欧式风格的客厅，采用棕色和金色的配色方案，使用大量古典元素，包括天鹅绒沙发和水晶吊灯，整体装饰效果是奢华的，光线氛围是温暖的。相应的提示词如下：

> Interior design, European style, an elegant living room, brown and golden color scheme, classical elements, velvet sofas, crystal chandelier, luxurious upholstery, warm light, super realistic, high quality --ar 3:2 --s 750 --v 5.1

生成的图像如图 12-8 所示。

图 12-8

◆ 北欧风格

北欧风格的室内装饰设计追求简约、自然、明亮的设计理念；通常以白色为主导，辅以淡灰、淡蓝、淡绿等明亮的色调，以提升室内空间的明亮度和清新感；注重利用自然光线，因此窗户通常较大；家具设计强调实用性和质感，常采用原木材质，营造温馨、舒适的氛围；注重自然元素的融入，如植物、花卉、岩石的运用，以增加空间的生气和舒适感；装饰元素常常融入本地文化传统和手工艺，如传统的编织品、陶瓷和手工制品。

例如，想要呈现一间欧式风格的客厅中的用餐区，使用白色墙面增加明亮感，让整个空间看起来更宽敞，实木餐桌搭配白色椅子，上方吊灯发出柔和的光芒，营造出舒适的氛围。相应的提示词如下：

> Interior design, Nordic style, a cozy living room, white wall, sleek wooden dining table, white modern-style chairs, a soft glow from stylish pendant lights, warm light, super realistic, high quality --ar 3:2 --s 750 --v 5.2

生成的图像如图 12-9 所示。

图 12-9

◆ 日式风格

日式风格的室内装饰设计追求简约、有序、自然、和谐的设计理念；偏爱中性的自然色调，如白色、米色、灰色、深褐色等，以营造宁静、平和的氛围，偶尔会使用一些淡雅的颜色，如淡绿或淡蓝，以增加清新感；空间布局通常简单、整齐、通透，注重引入自然光线；家具设计简洁而实用，常使用原木材质和低矮的家具；注重传统元素的运用，如榻榻米、纸障子、竹屏风等。

例如，想要呈现一间日式风格的书房，带有实木材质的家具和榻榻米，并排摆放的书柜兼具储物和装饰的功能，木质推拉门既是对日式传统元素的体现，又能节省空间。相应的提示词如下：

> Interior design, Japanese style, a study room with wooden furniture, tatami, cabinets placed side by side, wooden sliding doors, warm light, minimalist, super realistic, high quality --ar 3:2 --s 750 --v 5.1

生成的图像如图 12-10 所示。

图 12-10

◆ 新中式风格

新中式风格的室内装饰设计将传统中式元素与现代设计理念有机融合，既注重传统中式风格的大气和实用性，又融入了现代风格的简约和时尚元素；常见的色彩包括红色、金色、乳白色等传统中式颜色，但也可以加入现代化的灰色、米色等中性色调，以平衡整体的色彩搭配；家具可为古典家具，或现代家具和古典家具相结合，例如，在注重线条的简洁和现代感的同时，通过卷纹、镂空、雕花、榫卯结构等元素来传达中式风情；饰品常采用瓷器、字画、盆景、竹藤手工艺品等，以强调文化底蕴和历史传统。

例如，想要呈现一间客厅，其风格为中式设计与现代设计的和谐融合，摆放着一套红木家具和一个手工制作的木屏风，墙上装饰着独具中国传统特色的毛笔画。

相应的提示词如下：

> Interior design, a harmonious blend of modern and Chinese design, a living room featuring a set of rosewood furniture, a handcrafted wooden screen, a wall adorned with classical Chinese brush painting, super realistic, high quality --ar 3:2 --v 5.2

生成的图像如图 12-11 所示。

图 12-11

◆ 美式风格

美式风格的室内装饰设计以舒适、宽敞、便利、实用为特点；色彩搭配大多以浅色调为主，如浅黄色、淡绿色、米色、淡蓝色等，以营造宽敞、舒适的氛围；家具设计注重舒适性和耐用性，常使用实木和布艺材质；空间布局通常比较开阔，强调家庭聚集的舒适感；布艺装饰常使用格纹和花卉图案，以营造温馨的家居氛围。

例如，想要呈现一间舒适的美式风格卧室，房间布局宽敞，摆放着实木家具，包括一张舒适的床，装饰品带有花卉图案，整体色调为柔和的粉彩色调，营造出温馨的氛围。相应的提示词如下：

> Interior design, American-style, a cozy bedroom with a spacious layout, wooden furniture, featuring a comfortable bed, floral-patterned decor, soft pastel colors, soft light, super realistic, high quality --ar 3:2 --v 5.2

生成的图像如图 12-12 所示。

图 12-12

03 园林景观设计

园林景观设计是园林艺术和工程技术的结合，它通过改造地形、种植植物、搭盖建筑等手段来创造优美的自然环境和生活环境。本案例将使用 Midjourney 生成不同风格的园林景观设计效果图。

◆ 中式古典园林

中式古典园林强调平衡、秩序、和谐、自然与人工结合的原则，通常包含水池、湖泊、假山等山水元素以及亭台楼阁等建筑元素。因此，AI 绘画工具的提示词可以从这些元素入手进行编写。

例如，想要呈现一座中式古典园林，模仿苏州园林的风格，画面中有亭台楼阁、石桥、阳光、湖、荷花。相应的提示词如下：

> Chinese classical courtyard, in the style of Suzhou garden, pavilions, stone bridges, sunshine, lake, lotus, captivating landscapes, very detailed, UHD --ar 3:4

生成的图像如图 12-13 所示。

图 12-13

◆ 新中式庭院

新中式庭院将传统中式元素与现代设计理念结合，既传承了传统文化的精髓，又能满足现代人的审美品味。

例如，想要呈现一座沐浴在午后阳光下的新中式庭院，融合了传统与现代元素，庭院中有花园小径、涌泉水景、石板铺设的人行道等，整体氛围宁静和谐。相应的提示词如下：

> Modern Chinese-style courtyard, afternoon sunlight, front view, traditional modern fusion, garden paths, gushing spring water feature, pavement, serenity and harmony, minimalism

生成的图像如图 12-14 所示。

图 12-14

◆ 局部造景

局部造景是指在特定区域塑造独特的景观，使其成为整个布局中显著的亮点。常见的局部造景有阳台景观和庭院的角落。

例如，想要呈现一个都市阳台场景，在设计中融入当地文化和传统元素，包含一个种满多肉植物的花园，采用几何图案的装饰元素，摆放着现代风格的座椅和造型时尚的花盆。相应的提示词如下：

> Urban balcony, local design, landscape design, succulent garden, geometric patterns, modern seating, sleek planters, contemporary chic, minimalism

生成的图像如图 12-15 所示。

图 12-15